René Dörfelt

Häufige Notfälle bei Hund und Katze

René Dörfelt

Häufige Notfälle bei Hund und Katze

vorbereiten, erkennen, managen

Mit 104 Abbildungen und 14 Tabellen

schlütersche

Bibliografische Information der Deutschen Nationalbibliothek
Die Deutsche Nationalbibliothek verzeichnet diese Publikation in der Deutschen Nationalbibliografie; detaillierte bibliografische Daten sind im Internet über https://dnb.de abrufbar.

ISBN 978-3-89993-980-4 (print)
ISBN 978-3-8426-8969-5 (PDF)
ISBN 978-3-8426-9027-1 (epub)

Autor
Dr. med. vet. René Dörfelt
Medizinische Kleintierklinik
Veterinärstr. 13
80539 München
r.doerfelt@medizinische-kleintierklinik.de
www.med.vetmed.uni-muenchen.de

Projektleitung: Sabine Poppe, Hannover
Lektorat: Dr. med. vet. Nicole Wackwitz, Hannover
Gesamtherstellung: Schlütersche Verlagsgesellschaft mbH & Co. KG, Hannover
Umschlagabbildung: Dr. med. vet. Petra Richter, München
Druck und Bindung: Westermann Druck Zwickau GmbH, Zwickau

Inhaltsverzeichnis

Abkürzungsverzeichnis

A.	Arteria (Arterie)
ACT	Activated Coagulation Time
ad us. vet.	(lat.: ad usum veterinarum) zum tierärztlichen Gebrauch
AHDS	Akutes hämorrhagisches Durchfallsyndrom
aPTT	aktivierte partielle Thromboplastinzeit (Gerinnungsparameter)
BMBT	Bucal Mucosal Bleeding Time
CO_2	Kohlenstoffdioxid
cPLI/fPLI	canine/feline Pankreas-Lipase
CRP	C-reaktives Protein
CT	Computertomographie
DTI	Dauertropfinfusion
EKG	Elektrokardiographie/Elektrokardiogramm
FeLV	Felines Leukämie-Virus
FIV	Felines Immundefizienz-Virus
ggr.	geringgradig
HAES	Hydroxyethylstärke (künstliche Kolloidlösung)
hgr.	hochgradig
Hkt	Hämatokrit
i.m.	intramuskulär
i.o.	intraossär
i.v.	intravenös

KFZ	kapilläre Rückfüllzeit
KGW	Körpergewicht
MAP	(Mean Arterial Pressure) = mittlerer arterieller Blutdruck
MDT	Magen-Darm-Trakt
mgr.	mittelgradig
MRT	Magnetresonanztomographie
NSAID	nichtsteroidale Antiphlogistika
nt-BNP	N-terminales Ende des brain-natriuretischen Peptid = Blutparameter zur Diagnostik von Herzerkrankungen
O_2	Sauerstoff
PT	Prothrombinzeit (Gerinnungsparameter)
s.c.	subkutan
SOP	Standard Operating Procedures (Standard-Vorgehensweise)
TA/TÄ	Tierarzt/Tierärzte
TFA	Tiermedizinische Fachangestellte
TP	Totalprotein
V.	Vena (Vene)
ZNS	zentrales Nervensystem
ZVK	zentraler Venenkatheter

ZUSATZMATERIAL ONLINE

Der Autor hat zu vielen Themen Checklisten, Flowcharts und Videos zusammengestellt. Sie finden diese zum Download auf tfa-wissen.de unter folgendem Link:

www.tfa-wissen.de/download_9804_doerfelt

Vorwort

„Notfallmedizin ist Tempomedizin."

Diese und andere Beschreibungen existieren für den Notdienst. Dennoch sollte der Notfall nicht in Hektik und unkoordiniertes Durcheinanderrennen ausarten. Vielmehr müssen in einer Stresssituation durch optimale Vorbereitung, Ausstattung, Strukturen und Training die Abläufe Hand in Hand funktionieren. Um auf den Notfall – oder besser viele Notfälle – im Notdienst vorbereitet zu sein, ist einerseits Fachwissen gefragt, aber insbesondere auch organisatorische Gegebenheiten bilden einen Grundstein zum Erfolg. Hier spielen Tiermedizinische Fachangestellte eine große Rolle und können die Praxisleitung sowohl im Aufbau als auch in der Aufrechterhaltung von Strukturen effektiv unterstützen.

Viele Notfälle werden nach einfach strukturierten Handlungsanweisungen aufgearbeitet. Hierbei liegt der Fokus zuerst auf der Erhaltung des Lebens und der Vermeidung von Schmerzen unserer Patienten. Zu den lebensrettenden Erstmaßnahmen zählen Schocktherapie, Sauerstofftherapie und Analgesie.

Durch die Arbeit an verschiedenen Universitäten sowie auch an Privatkliniken konnte ich mehrere nationale und international verbreitete Herangehensweisen an tierische Notfälle kennenlernen. Als Leiter des Notfallservice bin ich täglich mit verschieden Notfällen und diversen organisatorischen Herausforderungen konfrontiert. Dabei hat sich immer wieder gezeigt, dass eine effektive Notfallversorgung durch den Tierarzt allein nur schwer möglich ist. In der Notfalldiagnostik und Therapie übernehmen TFAs viele essenzielle Aufgaben und tragen damit zum Überleben des Patienten bei. Selbstverständlich sind dafür eine gute Ausbildung und ausreichend Übung wichtige Voraussetzungen.

Dieses Buch soll Tiermedizinischen Fachangestellten grundlegende Kenntnisse der organisatorischen Strukturen und Ausstattung einer Notfallpraxis liefern, aber auch einige wichtige und häufige Notfallszenarien und die lebensrettenden Notfallmaßnahmen in diesen Situationen beschreiben. Die Maßnahmen beruhen sowohl auf der einschlägigen Literatur als auch auf den über die Jahre gesammelten Erfahrungen. Zusätzlich sei interessierten TFAs ans Herz gelegt, die eigenen Fähigkeiten und Kenntnisse selbständig zu erweitern. Möglichkeiten dazu bieten beispielsweise meist internationale Kongresse sowie Zertifizierungskurse im Bereich der Notfallmedizin.

Es gibt immer mehrere Wege, ein Ziel zu erreichen. Daher nehmen Sie die Empfehlungen im Buch bitte nicht als „in Stein gemeißelt". Über die Jahre werden sich auch hier Änderungen ergeben.

Die Erstellung dieses Buches wäre ohne die umfangreiche Erfahrung von nationalen und internationalen Tierärzten und TFAs, die mich auf meinem Weg begleitet haben, nicht möglich gewesen. Daher möchte ich mich auf diesem Weg für die Unterstützung und vielen Ratschläge bedanken. Des Weiteren danke ich meinen Eltern, die mich auf meinem Weg als Tierarzt immer unterstützt und gefördert haben, sodass ich schlussendlich meiner Leidenschaft, der Notfall- und Intensivmedizin, nachgehen konnte. Nicht zuletzt hat meine Frau mir mit Rat und Tat bei der Umsetzung des Buches zur Seite gestanden und damit einen besonderen Dank verdient.

Damit wünsche ich allen Lesern viele gute Erkenntnisse und Anregungen, den eigenen Notdienst optimal zu organisieren. Getreu dem Motto: „Leben und leben lassen".

München, im Sommer 2019

René Dörfelt

1 Herausforderung Notfallmedizin

Bei der täglichen Arbeit in der Tierärztlichen Praxis oder Klinik stellen die Notfälle meist besondere Herausforderungen dar. Der „Klassische Notfallpatient“ kommt entweder zur Sprechzeit, wenn alle Tiermedizinischen Fachangestellten (TFA) und Tierärzte (TA/TÄ) beschäftigt sind, oder außerhalb der Sprechzeiten, wenn nur begrenzt Personal zur Verfügung steht. Bei vielen Notfallpatienten ist oft zumindest anfänglich nicht klar, wie schwerwiegend und lebensbedrohlich die Situation ist. In vielen Fällen sind die Notfallpatienten nicht viel mehr als Standardpatienten außerhalb der regulären Termine. Gelegentlich aber handelt es sich um schwere lebensbedrohliche Situationen, welche die komplette Aufmerksamkeit, das gesamte Können und Wissen des Personals und viele Ressourcen der Praxis benötigen. In diesen Situationen ist das Arbeiten als Einzelperson oft nicht effektiv. Daher ist im Notfall Teamwork, also das effektive Zusammenarbeiten von TA und TFA essenziell.

Eine optimale Organisation und der Aufbau von Strukturen sind für den Erfolg der Notfallmedizin sehr wichtig. Dies gilt sowohl für die große Klinik, die regelmäßig mit Notfällen konfrontiert ist, als auch und insbesondere für die haustierärztliche Praxis, in der deutlich seltener akut lebensbedrohliche Notfälle auftreten. Durch den hier nur gelegentlichen Kontakt mit Notfällen sind oft die nötigen Standards, Strukturen und auch die Routine nicht so vorhanden wie in großen Kliniken. Dies macht Notfälle zu stressigen Ausnahmesituationen für alle Beteiligten. Die TFA kann hier einen wichtigen Stellenwert in der Organisation, Etablierung und Aufrechterhaltung der nötigen Strukturen übernehmen (▶ Kasten). Die Liste gibt allerdings keine Garantie auf Vollständigkeit und sollte beliebig, je nach Ansprüchen der Praxis, erweitert werden.

Eine Besonderheit der direkten Arbeit am Notfallpatienten ist im Gegensatz zur normalen Patienten-Aufarbeitung das sogenannte **horizontale Fallmanagement**. Während der reguläre stabile Patient einer Anamnese, einer klinischen Untersuchung und weiterführender Diagnostik unterzogen wird, um eine Diagnose zu bekommen und anhand dieser dann eine gezielte Therapie durchführen zu können, fehlt bei instabilen Notfallpatienten oft die Zeit für eine fundierte Diagnose. Daher muss hier schnell entschieden werden, welche Notfalltherapie durchgeführt wird. Gleichzeitig läuft die weitere Diagnostik. Es wird parallel versucht, den Patienten am Leben zu erhalten und eine Diagnose zu erlangen. Oft ist in der Notfallsituation auch keine Diagnose möglich. Stattdessen werden die wahrscheinlichsten therapierbaren Erkrankungen des Patienten behandelt. Insbesondere in der Erstbeurteilung, Notfalltherapie und Überwachung des Patenten kann die TFA eine große Hilfe sein.

So kann die TFA Notfall und Notdienst optimal organisieren

- Schaffung von Telefonstandards, wenn Notfallpatienten telefonisch angekündigt werden, in Zusammenarbeit mit dem Tierarzt (▶ Kap. 2.1)
- Erstellung von Material- und Medikamentenlisten und Aufrechterhaltung der jeweiligen Ausstattung im Notfallraum (▶ Kap. 2.2)
- gezielte Hilfe bei der Personalsuche für den Notdienst (▶ Kap. 2.3)
- Erstellung von Dienstplänen und Hilfe bei der Koordination der tierärztlichen Dienstpläne in Zusammenarbeit mit der Praxisleitung (▶ Kap. 2.3)
- Erstellung von Standards für die Erstuntersuchung in Zusammenarbeit mit der Praxisleitung (▶ Kap. 2.6)
- Koordination, Erstellung und Implementierung von Standards für die Notfalltherapie und Notfalldiagnostik wie z. B. Flowcharts und Dosierungslisten (▶ Kap. 2.4)
- Koordination der Rücküberweisungen (▶ Kap. 2.5)
- Einberufung von regelmäßigen Besprechungen zur Notfallausstattung und Notfallorganisation mit Tierärzten, TFAs und ggf. Praxismanagement (▶ Kap. 2.8)
- Organisation von Notfallübungen wie z. B. zur Wiederbelebung (▶ Kap. 2.9)
- Bewerbung des Notdienstes per Homepage und Social Media (▶ Kap. 2.10)

2 Organisation und Struktur des Notdienstes

2.1 Telefonmanagement

Viele Notfallpatienten werden telefonisch angekündigt. Bereits hier kann die TFA den Notfall in gewisser Weise einschätzen und dem Besitzer mit Rat zur Seite stehen (▶Abb. 2-1). Es sollte sichergestellt werden, dass ein Notfallanruf als solcher erkannt und schnellstmöglich beantwortet wird. Dies ist vor allem bei hochfrequentierten Praxen am besten über Telefonanlagen mit interaktiven Auswahloptionen möglich. Das dann angewählte Notfalltelefon muss natürlich permanent mit einer TFA oder dem Notfalltierarzt besetzt sein.

An dieser Stelle stellt sich die Frage, wie notwendig oder sinnvoll die permanente telefonische Erreichbarkeit ist. Ist man erreichbar, kann selbstverständlich der Notfall angekündigt werden und die Praxis kann sich auf den Notfall vorbereiten und ggf. weiteres Personal hinzurufen. Des Weiteren können komplexe Notfälle, die außerhalb der Kapazität der Praxis liegen, gezielt an die nächste Klinik verwiesen werden. Gegebenenfalls können auch einfache Fälle auf einen Termin am nächsten Tag verlegt werden. Nachteil der permanenten Erreichbarkeit ist die häufig lange Eingebundenheit in Telefonate, d.h. es geht Zeit verloren, in der man sich um die Notfallpatienten vor Ort kümmern könnte.

Abb. 2-1
TFA bei der Aufnahme eines Notfalltelefonats

Sofern die Erreichbarkeit allerdings nicht gegeben ist, besteht auch nicht die Möglichkeit der Vorselektion. Des Weiteren können Patientenbesitzer irritiert sein, wenn die Notfallpraxis nicht erreichbar ist.

Für kleinere Praxen mit gelegentlichem Notdienst oder nur wenigen Notfallpatienten, in denen nicht immer Personal vor Ort ist, scheint die telefonische Bereitschaft die optimale Variante zu sein. In großen Kliniken kann hingegen ein Notfalltelefon gegebenenfalls den Betrieb eher stören als fördern. In diesen Fällen bietet sich zumindest eine Telefonanlage mit Auswahloptionen nach folgendem Beispiel an:

- Handelt es sich um eine Terminabsprache oder allgemeine Fragen, rufen Sie zu den Öffnungszeiten an.
- Haben Sie einen Notfall, kommen Sie bitte sofort vorbei.
- Überweisende Kollegen wählen die Nummer xy (und werden mit der diensthabenden TFA oder dem TA verbunden).

Bei der Annahme des Telefonats durch die TFA hilft oft ein koordiniertes Abarbeiten, die Situation optimal einzuschätzen und dem Besitzer die wichtigsten Informationen an die Hand zu geben. Daher sollten folgende Fragen gestellt bzw. Informationen gegeben werden (**Telefontriage**):

- Wer ruft an?
- Um was für ein Tier handelt es sich? Rasse, Alter, Geschlecht?
- Was ist das **aktuelle** Problem?
- Bei Unfällen: Sind mehrere Tiere betroffen?
- Wie sind die Vitalparameter, soweit beurteilbar (Bewusstsein, Herz- bzw. Pulsfrequenz, Atemfrequenz und Atemarbeit, Schleimhautfarbe, weitere offensichtliche Abweichungen)?
- Erfolgte eine Vorbehandlung?
- Bestehen Medikamentenunverträglichkeiten?
- Wann wird der Patient eintreffen?
- Anweisung, was die Besitzer als Erste-Hilfe-Maßnahmen durchführen können (Lagerung, Stressreduktion)
- Hinweis auf Selbstschutz
- Erklärung, wie der Besitzer am besten zur Klinik kommt (Adresse nennen, ggf. Adresse per E-Mail oder anderen elektronischen Medien zukommen lassen).

Gegebenenfalls kann ein vorbereitetes Formular helfen, die wichtigsten Informationen schriftlich zu fixieren. Zudem kann damit besser durch das Telefonat geführt werden.

Wer ruft an? Mit dieser Frage kann der Anrufer persönlich angesprochen werden.
Signalement des Tieres? Diese Abfrage hilft oft schon, häufige Differenzialdiagnosen ein- bzw. auszuschließen und das Material der Größe des Patienten entsprechend vorzubereiten.
Was ist das aktuelle Problem? Die Frage hilft, schnell auf das Hauptproblem zu stoßen, ohne einen ellenlangen Vorbericht zu bekommen, wie etwa: „Ja vor drei Jahren hatte der Hugo ..., und dann ...“.
Bei Unfällen: Ist mehr als ein Tier betroffen? Diese Information hilft, sich ggf. auf mehrere Patienten vorzubereiten. Eventuell müssen einige Patienten in andere Praxen oder Kliniken verwiesen werden. Wenn möglich, kann auch weiteres Personal hinzugezogen werden.

Wie sind die Vitalparameter? Diese Informationen zielen darauf ab, die lebensbedrohlichsten Abweichungen zu erkennen und den Schweregrad der Erkrankung bereits jetzt einzuschätzen. Gelegentlich sind mit diesen Informationen bereits einige Differenzialdiagnosen wahrscheinlicher. **Wichtig ist, dass die Befunde dem TA grundsätzlich weitergegeben werden und keine eigene Diagnose gestellt wird.** Beispielsweise sollte nicht gesagt werden: „Der Hund hat eine Magen-Drehung", wenn die Befunde blasse Schleimhäute, hohe Herzfrequenz, Würgen und zunehmender Bauchumfang vorliegen. Der TA muss sich aus den Befunden sein eigenes Bild machen und nach der Untersuchung des Patienten die Diagnose stellen. Das geht am besten unbeeinflusst, ohne vorherige Verdachtsdiagnosen. Andernfalls besteht die Gefahr, dass man sich durch voreilige Diagnosen in die Irre leiten lässt und ein falsches Bild vom Patienten bekommt.
Wann wird der Patient eintreffen? Diese Frage hilft, zeitlich und personell zu planen und ggf. bei angekündigten schweren Notfällen nicht erst mit der Behandlung eines einfachen Falls anzufangen, wenn der lebensbedrohliche Notfall in fünf Minuten eintrifft.

Diese Liste hilft dabei, die Dringlichkeiten der Notfälle optimal einschätzen zu können. Bei weniger schwerwiegenden Notfällen kann ggf. eine Vorstellung in personell besser besetzten Notfallsprechstunden empfohlen werden. Falls bereits am Telefon klar ist, dass die Praxis den Notfall nicht selbstständig managen kann, sollte eine Überweisung an eine adäquat ausgestattete Praxis oder Klinik empfohlen werden.

BEACHTE
Es sollte sichergestellt sein, dass relevante Informationen schnellstmöglich zum notdiensthabenden Tierarzt gelangen und notwendige Vorbereitungen getroffen werden können. Diese beinhaltet die Bereitstellung benötigter Materialien und die Information des Personals. Telefonlisten, auch mit den Privatnummern der diensthabenden Tierärzte und TFAs, sollten vorhanden sein.

2.2 Notfallausstattung

2.2.1 Notfallraum

Ein Raum in der Praxis sollte als Notfallraum deklariert sein. Dieser sollte gut zugänglich sein und immer für den Notfall zur Verfügung stehen. Am besten liegt der Notfallraum direkt am Eingangsbereich. Es ist nicht sinnvoll, ihn in die hinterste Ecke einer größeren Praxis zu legen, in die man nur über Treppen oder vorbei an engen Ecken gelangen kann.

In einer Notfallsituation muss auch der kollabierte 70 kg schwere Hund gut auf der Trage vom Praxiseingang in den Raum gebracht werden können. Eine Option ist es auch, einen Zugang zum Notfallraum von außen zu schaffen. So kann man ggf. kollabierte Tiere aus dem Auto direkt in den Raum bringen, oder ggf. auch euthanasierte Tiere aus dem Raum bringen, ohne an wartenden Besitzern und Tieren vorbei zu müssen.

PRAXISTIPP

Der Notfallraum kann selbstverständlich auch als Behandlungsraum genutzt werden, sollte jedoch im Falle eines lebensbedrohlichen Notfalls sofort geräumt werden. Dieses Management muss allen Praxismitarbeitern bewusst sein.

In großen Kliniken bietet es sich an, mehrere optimal ausgestattete Notfallräume zu haben. So können auch mehrere Notfallpatienten parallel behandelt werden. Gelegentlich wird das **Konzept der getrennten Untersuchungs- und Behandlungsräume** umgesetzt. Das heißt, einige kleine Räume sind nur spärlich ausgestattet und dienen der Anamnese-Erhebung und der klinischen Untersuchung. Hier ist meist nur der TA oder die TFA mit dem Besitzer allein. Patienten, bei denen Blutentnahmen, Infusionen oder kleinere Notfalleingriffe erfolgen, werden in einen zentralen Behandlungsraum verbracht. Dort ist neben dem gesamten Notfallmaterial und den Geräten außerdem genügend Personal vorhanden. Die eigentliche Behandlung wird ohne den Besitzer durchgeführt. Solch eine Aufteilung bietet sich insbesondere in größeren Kliniken mit vielen Notfällen und adäquater Personaldecke an.

Der Notfallraum sollte selbstverständlich allen Anforderungen an die Ausstattung und Hygiene eines normalen Behandlungsraums entsprechen. Dazu zählen Wasser- und Abwasseranschluss mit Waschmöglichkeit sowie entsprechend gut zu reinigendes und belastbares Bodenmaterial. Der Raum sollte allgemein hell und gut beleuchtet sein. Untersuchungslampen an der Decke oder der Wand helfen zudem, die Sichtverhältnisse bei Untersuchungen oder kleineren Eingriffen zu verbessern.

Die Oberflächen sollten natürlich nicht zugestellt und gut zu desinfizieren sein. Dazu muss ausreichend Flächen-Desinfektionsmittel – z. B. als Wischdesinfektion – vorhanden sein. Ebenso ist auf Hand-Desinfektionsmittel, Seifenspender und Handpflege-Möglichkeiten zu achten.

Zur Aufrechterhaltung der Hygiene ist neben einer Desinfektion des Tisches und der Oberflächen eine Personalhygiene, die vor allem aus einer optimalen Hand-Desinfektion vor und nach jedem Patientenkontakt besteht, essenziell. Um die Hände, inklusive der Unterarme, optimal desinfizieren zu können, dürfen keine Ringe, Uhren oder Ähnliches an den Händen getragen werden. Um dennoch die wichtigsten Vitalparameter der Patienten erheben zu können, sollten eine oder zwei Uhren mit Sekundenzeigern so an exponierten Stellen des Raums aufgestellt sein, dass diese von allen Positionen einsehbar sind.

2.2.2 Material

Die benötigen Materialien beinhalten Hilfsmittel der klinischen Diagnostik, Labordiagnostik, Materialien zur Infusionstherapie, Intubation, Sauerstofftherapie und Wiederbelebung sowie Notfallmedikamente.

Diese sollten gut beschriftet immer an demselben Platz zu finden sein (▶Abb. 2-2).

Sowohl an den Schränken und Schubladen als auch an den einzelnen Schrankabteilen sollte der Inhalt gut lesbar angeschrieben werden. Zudem ist es sinnvoll, die Ordnung im Notfallraum nicht ständig zu ändern, sodass sich bei der Suche nach den Materialien eine Gewohnheit bzw. ein Automatismus einstellen kann (▶Abb. 2-3).

Abb. 2-2 Die TFA überprüft Infusionslösungen im Notfallraum. **Beachte:** Die Schranktüren öffnen nach oben.

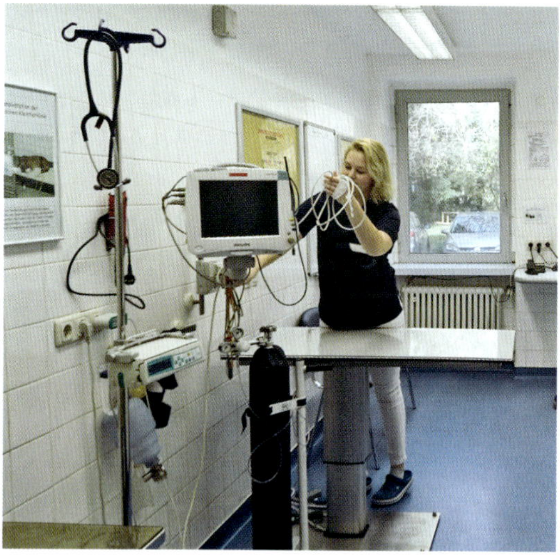

Abb. 2-3 Die TFA bereitet im Notfallraum das EKG am Multiparametermonitor für den angekündigten Notfallpatienten vor. Ebenfalls zur Ausstattung gehören neben dem Behandlungstisch eine Sauerstoffflasche, ein Infusionsständer und eine Infusionspumpe.

Besonders wichtig sind die Materialien zur Wiederbelebung. Alles sollte sich im Notfallraum befinden, es könnte auch für andere Notfallsituationen sehr hilfreich sein. Im Reanimationsfall müssen Trachealtuben in verschiedenen Durchmessern vorhanden sein. Zum Legen der Tuben ist ein funktionelles Laryngoskop essenziell. Die Tuben sollten mit einem festen Band am Kopf des Tieres fixiert, sowie der Ballon am Ende des Tubus mit einer Spritze entsprechend geblockt werden können. Die Möglichkeit zur **Beatmung** des Patienten kann mittels eines Ambu® Beatmungsbeutels oder einer Anästhesiemaschine geschaffen werden.

Ein höhenverstellbarer Behandlungstisch ist ebenfalls essenziell. Insbesondere für die Behandlung großer Hunde ist es sinnvoll, wenn dieser bis fast auf den Boden gefahren werden kann. Ebenso wichtig ist ein portabler Tisch bzw. eine Trage. Es kommt häufig vor, dass schwere Hunde nicht gehfähig im Auto liegen. Hier ist es sinnvoll, eine Trage oder einen Tisch mit entsprechend großen und robusten Rädern zur Verfügung zu haben, womit man auch in das Außengelände der Praxis fahren kann. Mit einem fahrbaren Tisch kann der nicht gehfähige Patient in den OP oder auf Station gebracht werden. Ein idealer Transporttisch ist höhenverstellbar, mit abnehmbarer Transporttrage und hat die Möglichkeit, Material wie Notfallmedikamente mitzuführen und bietet im Optimalfall noch die Möglichkeit, eine Sauerstoffflasche zur O_2-Versorgung des Patienten zu transportieren. Zur Desinfektion der Tische sollte ausreichend Desinfektionsmittel, am besten in Form von Desinfektionstüchern zur Verfügung stehen. Insbesondere bei häufigem Kontakt mit infektiösen oder stark verschmutzten Tieren empfiehlt es sich, Hygienematten bzw. Krankenunterlagen auf den Tischen zu platzieren, die nach jedem Patienten gewechselt werden.

Eine Sauerstoffquelle im Notfallraum ermöglicht die Verabreichung von O_2 bei Reanimation und Dyspnoe sowie an Schockpatienten. Diese kann als Flasche, als Sauerstoffkonzentrator oder als zentrale Sauerstoffversorgung der Praxis vorhanden sein. Die Sauerstoffapplikation kann per Flow-by-Technik oder über transparente Masken erfolgen. Alternativ steht die invasive O_2-Versorgung des Patienten mit Sauerstoffsonde oder Trachealkanüle zur Auswahl (▶ Kap. 3.1.2).

Die zur Untersuchung benötigten Materialien wie Stethoskop, Thermometer, neurologische Instrumente wie Reflexhammer, Stablampe, Klemme, Otoskop sowie Handschuhe sollten stets im Notfallraum vorhanden sein. Ebenso dazu gehören Materialien zur Blutentnahme.

Verbrauchsmaterialien wie Dreiwegehähne, Butterfly-Katheter, Infusionsleitungen und Spritzen in verschiedenen Größen sollten immer in ausreichender Anzahl zur Verfügung stehen. Material für einen Gefäßzugang für verschiedene Patientengrößen ist für eine adäquate Notfalltherapie unentbehrlich. Dazu zählen eine Schermaschine und Desinfektionsmöglichkeiten zur Vorbereitung des Patienten, Venenkatheter in verschiedenen Größen sowie Fixationsmaterial. Insbesondere für stark hypovolämische Patienten empfiehlt es sich, Material für eine Venotomie vorrätig zu haben (Skalpell, Nahtmaterial, Mosquitoklemmen). Intraossäre Katheter, also Kanülen, die in das Knochenmark eingebracht werden, ermöglichen den Gefäßzugang bei sehr kleinen Tieren oder nicht auffindbaren Venen. Es ist empfehlenswert, Verbrauchsmaterialien für verschiedene Indikationen (z.B. Harnkatheter, Thorakozentese, Throraxdrainage, Tracheotomie) in Form von vorbereiteten Sets zur Verfügung zu haben (▶Abb. 2-4 und ▶Abb. 2-5).

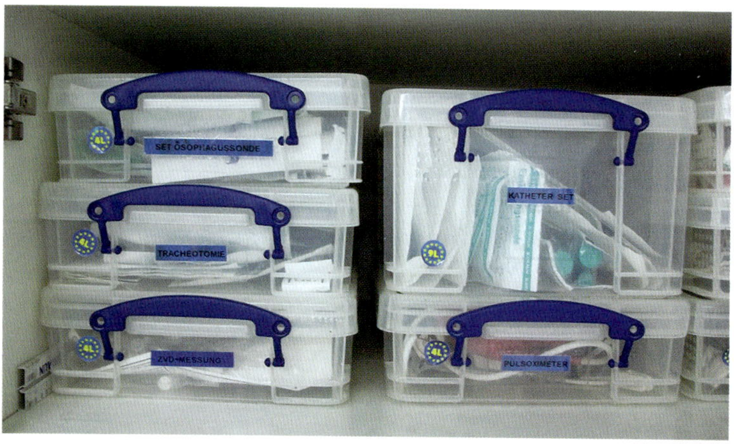

Abb. 2-4 Notfallsets für verschiedene Indikationen

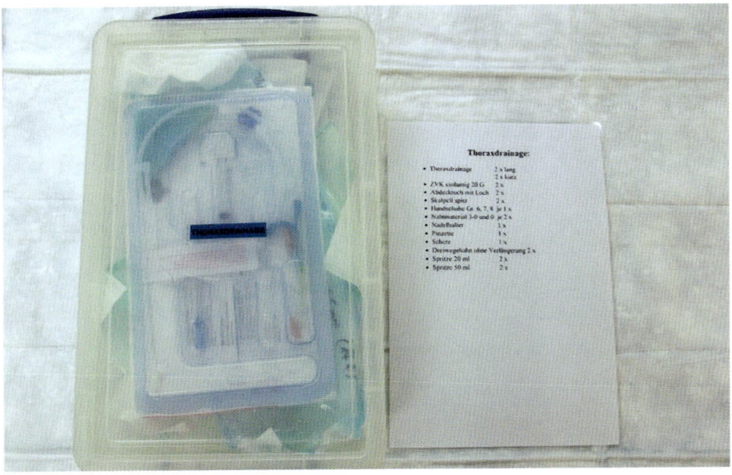

Abb. 2-5 Set und Inhaltsliste für die Thoraxdrainage

Selbstverständlich sollte sich im oder in der Nähe des Notfallraums auch eine Waage für Hunde sowie eine für Katzen und Heimtiere befinden.

Bei allen Materialien und Geräten ist die **Aufrechterhaltung der Ordnung** essenziell. Die Geräte sollten jederzeit sofort einsatzbereit sein. Die Ordnung sollte mehrmals täglich, am besten anhand einer Minimal-maximal-Checkliste kontrolliert und bei Bedarf wiederhergestellt werden. Alle Geräte sind auf Vollständigkeit, Funktion und Sauberkeit zu überprüfen. Es hat sich bewährt, auch diese Überprüfungen anhand von Checklisten mit Unterschrift zu bestätigen.

Hilfreiche Formulare für die Ausstattung des Notfallraums und die Aufrechterhaltung der Ordnung finden Sie zum Download auf tfa-wissen.de unter:

svg.to/ausstattung_notfallraum

svg.to/materialien_notfallraum

svg.to/verbrauchsmaterial_min_max

2.2.3 Geräte

Verschiedene Geräte gehören in den Notfallraum. Dazu zählen Geräte zur Infusion wie Infusions- und Spritzenpumpen, Sauerstoffflaschen oder Sauerstoffkonzentratoren sowie Überwachungsgeräte. Zur Patientenüberwachung können ein Multiparametermonitor oder die jeweiligen Einzelgeräte zur Verfügung stehen. Dabei sollten einerseits die Parameter Blutdruck und arterielle Sauerstoffsättigung (per Pulsoximetrie) gemessen werden, andererseits ist die Überwachung per EKG und Kapnographie sinnvoll.

Viele Medikamente müssen gekühlt gelagert werden. Zudem werden insbesondere für hypertherme Patienten kühle Infusionslösungen benötigt. All das sollte in einem ausschließlich dafür genutzten Kühlschrank vorrätig gehalten werden.

Im Gegensatz dazu erhalten hypotherme Patienten angewärmte Infusionslösungen. Da die Erwärmung im Wasserbad oder in der Mikrowelle nur unzuverlässig funktioniert, ist die Erwärmung im Wärmeschrank (auf Vorrat) optimal. In diesem können auch Gelkissen zur Wärmung besonders kleiner Tiere gelagert werden (▸Abb. 2-6).

Abb. 2-6 Gelkissen zur aktiven Wärmung kleiner Patienten. **Achtung:** Bitte nie direkt auf die Haut legen, sondern immer ein Tuch, z. B. Handtuch, zwischen Kissen und Haut legen.

Selbstverständlich sollten passive Wärmemethoden wie Decken ausreichend zur Verfügung stehen. Aktive Wärmemethoden wie Wärmelampen, Warmluftgebläse (z. B. Bair Hugger®) und elektrische Heizdecken mit Sicherheitsmechanismen (z. B. HotBody®, ▸Abb. 2-7) sind zur optimalen Behandlung von ausgekühlten Tieren und vor allem Katzen im Schock essenziell.

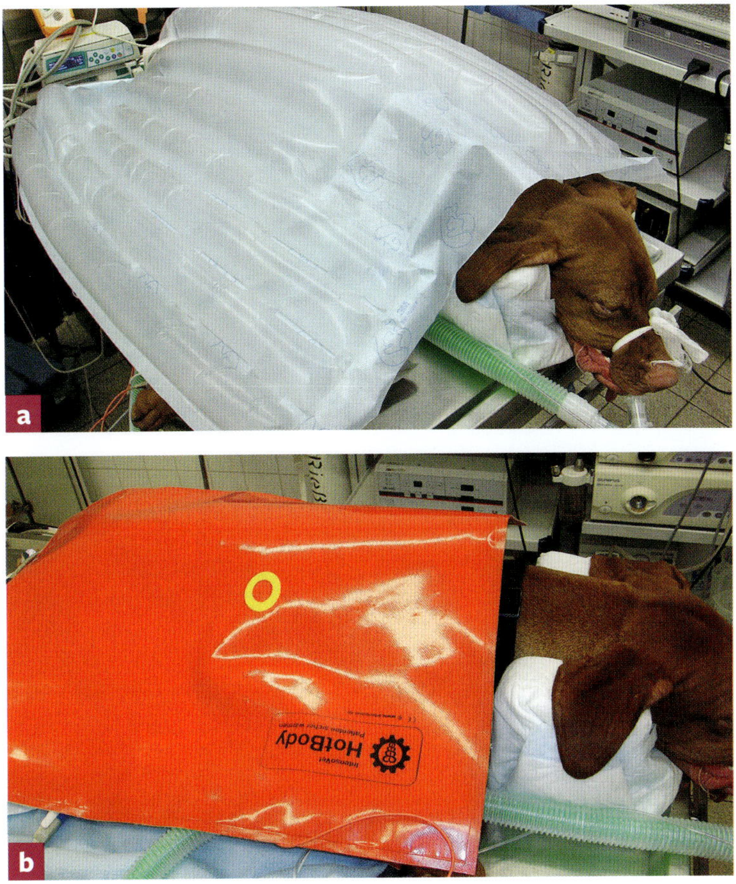

Abb. 2-7 Aktive Wärmemethoden
a aktives Warmluftsystem Bair Hugger® zur Wärmung ausgekühlter Patienten
b aktives Wärmesystem HotBody® im Einsatz

Insbesondere bei Patienten mit Atemnot oder Tieren, die häufig erbrechen, muss oft Material aus dem Rachen entfernt werden. Hierzu sollte eine Unterdruckabsaugung zur Verfügung stehen. Damit ist es ebenfalls möglich, die Flüssigkeit bei Aszites bzw. von Thorax- und Perikardergüssen (letzteres v.a. bei großen Tieren) abzusaugen (▸Abb. 2-8 und ▸Abb. 2-9).

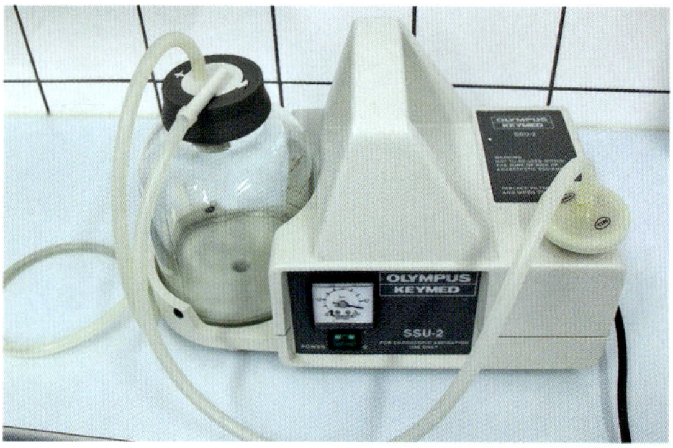

Abb. 2-8 Vakuumpumpe zur Absaugung von Sekreten und Ergüssen

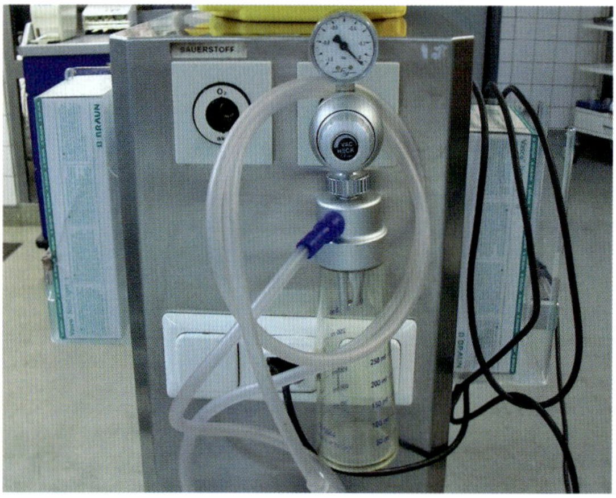

Abb. 2-9 Integrierte Vakuumabsaugung mit zentraler Unterdruckversorgung. Diese zentrale Technik ist insbesondere für größere Kliniken geeignet.

BEACHTE

Ebenso wie die Materialien müssen die Geräte immer vollständig und einsatzbereit sein. Hierfür sollte einer Person die Verantwortung übertragen werden, welche regelmäßige Kontrollen durchführt.

2.2.4 Labor

In der Notfallmedizin werden häufig Laboruntersuchungen benötigt. Dazu zählen die Untersuchungen von Urin, Kot, Blut und diversen Punktaten. Das Notfalllabor sollte die Vor-Ort-Messung der benötigten Parameter ermöglichen(▶ Tab. 2-1). Es muss nun praxisintern entschieden werden, welchen Umfang das Notfalllabor haben soll. Das minimal ausgestattete Notfalllabor sollte eine komplette Urinuntersuchung, die Anfertigung von Blutausstrichen, die Bestimmung von Hämatokrit (▶Abb. 2-10), Glukose, Kalium, Laktat, Totalprotein (TP), einem Nierenwert, Leberfunktionsparametern, die Durchführung eines globalen Gerinnungstests sowie die mikroskopische Untersuchung von Ergüssen und Punktaten ermöglichen. Selbstverständlich bietet sich in größeren Praxen die Anschaffung von komplexen Laborgeräten wie ein Blutbildgerät, ein Analysegerät für klinische Chemie, Blutgasanalyse- und Gerinnungstestgeräte sowie verschiedene „Cage side tests" (einfache, schnelle Tests, die direkt am Patienten durchgeführt werden können) an.

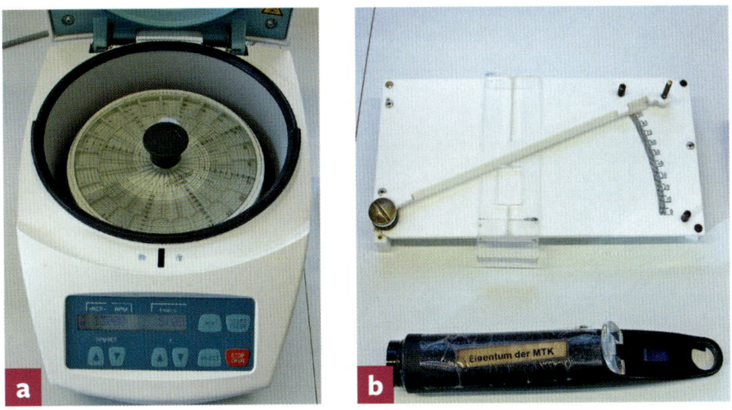

Abb. 2-10 Die Hämatokritzentrifuge und das Refraktometer sollten zur Standard-Laborausstattung jeder Notfallpraxis gehören.
a Hämatokritzentrifuge für das Zentrifugieren der Hämatokritkapillare
b Hämatokritablesegerät und Refraktometer für die Bestimmung von Hämatokrit und Totalprotein

BEACHTE

Die Laborausstattung sollte an die Praxis angepasst werden. Im Notfalllabor muss eine Basisausstattung vorhanden sein, welche die Bestimmung von Hämatokrit, Totalprotein, Leukozytenzahl, Glukose, Nierenwerten, Elektrolyten, Laktat sowie mikroskopische und Urinuntersuchungen ermöglicht.

Tab. 2-1 Ausstattung des Notfalllabors

Parameter	minimal	optional
Hämatokrit	Zentrifuge und Kapillarröhrchen	automatisches Hämatologiegerät
Leukozytenzahl	Zählkammer	
Differenzialblutbild	Mikroskop und Färbeset	
Thrombozytenzahl		
Glukose	Glucometer inkl. Teststreifen	Trockenchemiegerät
Harnstoff	Azo-Stick®	
Totalprotein	Refraktometer	
Gerinnung	ACT-Röhrchen	Gerinnungstestgerät
D-Dimere	NycoCard Reader II®	
viskoelastische Gerinnungstests		TEG®, ROTEM®
Kalium	Elektrolytmessung, z. B. mit Trockenchemiegerät oder Blutgasanalysegerät	
weitere Elektrolyte	Trockenchemiegerät oder Blutgasanalysegerät	

Tab. 2-1 Ausstattung des Notfalllabors

Parameter	minimal	optional
ionisiertes Calcium		Blutgasanalysegerät
ionisiertes Magnesium		Blutgasanalysegerät
Laktat	Laktatschnelltest (z. B. Accu-Chek®)	Blutgasanalysegerät
Ketonkörper (Betahydroxybutyrat)		Ketonmessgerät (entspricht meist Glucometer)
Blutgase		Blutgasanalysegerät
Ammoniak		Ammoniaktest
Thyroxin		T4-Analyzer
Phenobarbital		Phenobarbitaltest
C-reaktives Protein/ Serumamyloid A		CRP/SAA-Testgeräte
nt-BNP		nt-BNP SNAP®-Test
cPLI/fPLI		cPLI/fPLI-Schnelltests
Parvovirose-Antikörper		Parvovirose-Schnelltest
FIV/FeLV-Antikörper		FIV/FeLV-ELISA
Blutgruppe		Blutgruppentest
Kreuzprobe Blut	Objektträger, Mikroskop	
Harn-Zusammensetzung	Refraktometer, Harnstick, Mikroskop	
Aszitespunktat	Refraktometer, Glukometer, Färbeset, Laktattest, Zählkammer, Mikroskop mit 100 x-Objektiv	automatisches Färbeset

2.2.5 Bildgebung

Eine bildgebende Diagnostik ist für viele Notfallpatienten sehr sinnvoll. Mit ihr können viele Veränderungen, die in der klinischen Untersuchung nicht verifiziert werden können, sichtbar gemacht werden.

Röntgenuntersuchungen helfen, vor allem die Lunge und die knöchernen Strukturen zu beurteilen. Zudem können Kontrastmitteluntersuchungen durchgeführt werden. Allerdings nimmt die Röntgendiagnostik bei der initialen Stabilisierung einen geringeren Stellenwert als die Ultraschalluntersuchung ein. Sie ist somit keine Anforderung an eine einfache Notfallpraxis. Dennoch sollte die Möglichkeit zur Überweisung an eine geeignete Einrichtung zur Röntgendiagnostik bestehen.

Der Stellenwert der **Ultraschalluntersuchungen** in der Notfallmedizin wächst zunehmend. Mittlerweile ist der Ultraschall aus der Notfallmedizin nicht mehr wegzudenken. Hierbei spielt der sogenannte „*Point of Care*“-Ultraschall eine besondere Rolle. Dieser hat zum Ziel, mit einfachen, schnellen Untersuchungen bestmögliche Aussagen über lokale anatomische Strukturen des Patienten zu liefern. Im einfachsten Fall wird eine 4- bzw. 5-Punkt-Untersuchung des Abdomens bzw. des Thorax des Patienten durchgeführt – mit dem Ziel, insbesondere bei Traumapatienten freie Flüssigkeit zu detektieren (▶Abb. 2-11). Dieses Ziel sollten auch unerfahrene Untersucher erreichen können, da keine Organe dargestellt werden, sondern an vorgegebenen Punkten nach Flüssigkeit gesucht wird. Somit ist der Einsatz einer solchen Untersuchung auch durch notfallmedizinisch-ausgebildete TFAs denkbar.

Der „*Point of Care*“-Ultraschall erfolgt in der für den Patienten angenehmsten Position: meist in Brust-Bauch- oder Seitenlage. Die Rückenlage wird nur ungern verwendet, da diese mit vermehrtem Druck auf die Lungen und Gefäße und so mit einer Verstärkung von Atemproblemen und dem Risiko für Kreislaufversagen einhergeht. Die eingesetzten Ultraschallgeräte sind meist einfache Geräte. Ein Mikrokonvexschallkopf ist meist ausreichend. Das Fell wird in den meisten Fällen nicht geschoren, sondern nur gescheitelt und mit etwas Alkohol benetzt, um die Ankopplung des Schallkopfes sicherzustellen.

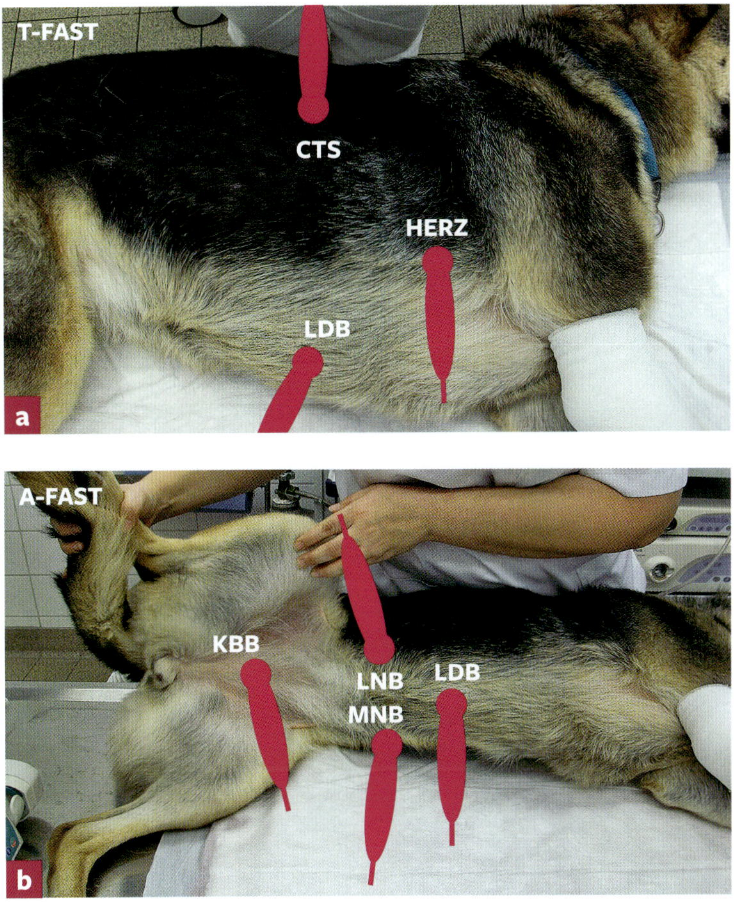

Abb. 2-11 Ansatzpunkte der Ultraschallsonde für das „Focussed Assessment with Sonography in Trauma“ (FAST)

a T-FAST (Thorax) am Beispiel eines Hundes: **HB** = Herzbasis, **CTS** = chest tube site (9. Interkostalraum dorsal), **LDB** = Leber-Diaphragma-Blick

b A-FAST (Abdomen) am Beispiel eines Hundes: **LDB** = Leber-Diaphragma-Blick, **MNB** = Milz-Nieren-Blick, **KBB** = Kolon-Blasen-Blick, **LNB** = Leber-Nieren-Blick

Weitere Einsatzgebiete des *„Point of Care“*-Ultraschalls sind die Feststellung der Unversehrtheit von Harn- und Gallenblase, der Ausschluss eines Perikard-Ergusses, die grobe Beurteilung der Herzkontraktion, des venösen Flüssigkeitsstatus und der Lunge in Bezug auf Lungenödeme, Pneumonie, Blutungen und Pneumothorax sowie die Beurteilung des Uterus und die Vitalitätsbestimmung der Welpen.

Somit stellt der Ultraschall bereits in der Erstuntersuchung des Patienten oft eine wichtige und hilfreiche Untersuchungsmethode dar. Zudem kann der Ultraschall zur kontrollierten Punktion von Harnblase, Ergüssen in Thorax und Abdomen sowie von Tumor oder Abszess-verdächtigen Strukturen benutzt werden. In einigen Fällen erleichtert die Ultraschalluntersuchung auch das Auffinden von Gefäßen. Dies kann beim Legen von zentralvenösen Kathetern insbesondere bei sehr adipösen Patienten hilfreich sein.

BEACHTE

Die schnelle, einfache *„Point of Care“*-Ultraschalluntersuchung von Thorax und Abdomen nimmt einen hohen Stellenwert bei Notfallpatienten ein und sollte zur Suche nach freier Flüssigkeit bei allen kritischen Notfallpatienten angewandt werden.

2.2.6 Medikamente und Infusionen

Notfallmedikamente

Das Repertoire der **Notfallmedikamente** sollte die Therapie der häufigsten Notfälle ermöglichen. Dazu zählen Medikamente mit Wirkung auf das Herz-Kreislauf-System, Anästhetika, Analgetika, Antibiotika, Medikamente zum Einsatz bei Vergiftungen, Antiemetika und Magenschutzmedikamente, Medikamente zur Euthanasie sowie diverse andere (▶Abb. 2-12).

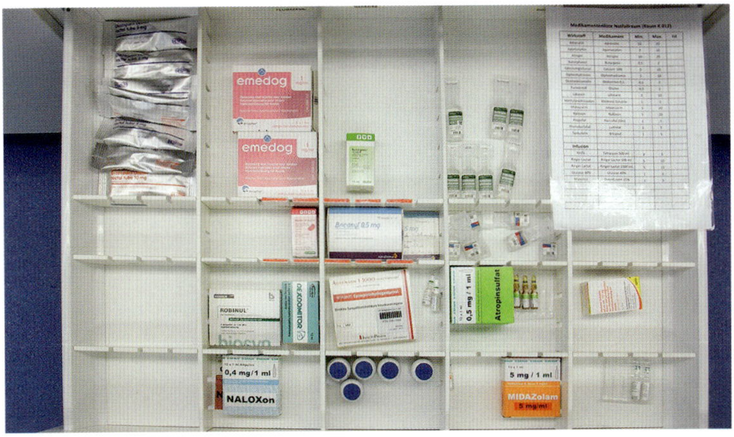

Abb. 2-12 Wichtige Notfallmedikamente. **Beachte:** Auffüllliste ist beigelegt.

Auch bei Notfallmedikamenten sollte man immer wissen, welches Medikament in der Spritze ist. Daher empfiehlt es sich, jede aufgezogene Spritze zu beschriften. Hierbei sind vorgedruckte Label sinnvoll (▶ Abb. 2-13). **Es sollte nie eine Spritze mit einem Medikament injiziert werden, bei dem man nicht 100%ig sicher ist, um welches Medikament es sich handelt.**

Genau wie für das Notfalllabor gelten auch hier einige Medikamente als unverzichtbar und zählen zur Basisausstattung einer Notfallpraxis. Andere Medikamente werden aufgrund der eher seltenen Indikation, komplexen Verabreichung oder nötigen Intensivüberwachung zur Zusatzausstattung in großen Praxen und Kliniken gezählt. Einen Überblick dazu geben (▶ Tab. 2-2 und ▶ Tab. 2-3).

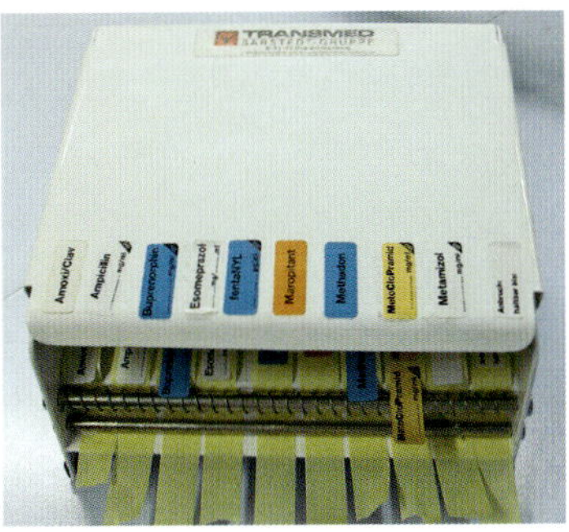

Abb. 2-13 Vorbereitete Label zur Beschriftung aufgezogener Spritzen

Tab. 2-2 Basisausstattung Notfallmedikamente

Wirkstoff	Einsatzgebiet	Bsp. Handelsname
Adrenalin	Reanimation, Hypotension	Adrenalin®, Suprarenin® (H)
Aktivkohle	Vergiftungen	Carbodote® (V)
Antibiotika, intravenös	bakterielle Infektionen	Diatrim®, Ampi-Dry® (V)
Apomorphin	Erbrechen auslösen beim Hund	Emedog® (V)
Atipamezol	Antagonist für Medetomidin/ Dexmedetomidin	Antisedan® (V)
Atropin	Bradykardie	Atropin® (H)
Augensalbe/-tropfen, antibiotisch	Konjunktivitis, Uveitis	verschiedene (V)
Augensalbe/-tropfen, kortisonhaltig	nicht-infektiöse Entzündung des Auges	verschiedene (V)
Augentropfen, lokalanästhetisch	Anästhesie des Auges	verschiedene (H)
Augentropfen, Tränenersatz	verminderte Tränenproduktion	verschiedene (V)
Augensalbe, Vitamin A-haltig	Hornhautschäden	verschiedene (V)
Diazepam	Krämpfe, Sedation	Ziapam® (V)
Fluoreszin	Test der Hornhaut auf Läsionen	Fluoreszein SE Thilo® (H)
Furosemid Injektionslösung	Lungenödem, Diurese	Diamzon® (V)
Ketamin	Anästhesie, Analgesie	Ketamin 10 %® (V)
Lidocain	Lokalanästhesie, ventrikuläre Tachykardie	Lidocainhydrochlorid 2 %® (V)

Tab. 2-2 Basisausstattung Notfallmedikamente

Wirkstoff	Einsatzgebiet	Bsp. Handelsname
Maropitant	Erbrechen unterdrücken	Cerenia® (V)
Medetomidin oder Dexmedetomidin	Sedation, Erbrechen auslösen bei Katzen	Domitor®, Dexdomitor® (V)
Methadon	Analgesie	Comfortan® (V)
Methylprednisolon-succinat	allergische Reaktionen, Schwellungen	Solupred® (V)
Metoclopramid	Erbrechen unterdrücken	Emeprid® (V)
Naloxon	Opioid-Antagonist	NALOXon® (H)
Nichtsteroidale Antiphlogistika	Analgesie	Metacam®, Rimadyl® (V)
Omeprazol/Esomeprazol/Pantoprazol	Magenschutz	Nexium® (H)
Oxytocin	Geburtseinleitung	Oxytocin Injektionslösung 10 IE/ml® (V)
Pentobarbital	Euthanasie, Daueranästhesie	Narkoren® (V)
Phenobarbital	Krämpfe	Luminal® vet (V)
Propofol	Anästhesie	Narcofol® (V)
Terbutalin	Asthma	Bricanyl® (H)
Vitamin K1	Cumarinintoxikation	Vitamin K1 Laboratoire TVM® (V)
Xylazin	Sedation, Erbrechen auslösen bei Katzen	Xylasedan® (V)

(V) = Veterinärzulassung; (H) = Humanzulassung

Tab. 2-3 Weiterführende Notfallmedikamente für größere Praxen und Kliniken

Wirkstoff	Einsatzgebiet	Bsp. Handelsname
Acetylcystein	Methämoglobinämie	Equimucin® (V)
Alfaxalon	Anästhesie	Alfaxan® (V)
Alteplase	Thrombolyse	Actilyse® (H)
Amiodaron Injektionslösung	Reanimation, Arrhythmien	Amiodaron® (H)
Amlodipin	Hypertension	Amodip® (V)
Augensalbe/-tropfen Carboanhydrase-hemmer	Glaukom	Azopt® (H)
Bupivacain	Lokalanästhesie	Bucain® (H)
Buprenorphin	Analgesie	Buprenodale® (V)
Ceterizin	Antihistaminikum	Ceterizin AbZ 10 mg® (H)
Desmopressin	von-Willebrand-Syndrom, Diabetes insipidus	Minirin® (H)
Dobutamin	blutdrucksteigerndes Medikament	Dobutamin Carino 500 mg/50 ml® (H)
Dopamin	Hypotension	Dopamin Carino 50 mg® (H)
Esmolol	Tachykardie	Brevibloc® (H)
Famotidin	Magenschutz Hund	Famotidin STADA® (H)
Felimazole	thyreotoxische Krise	Thyronorm® (V)
Fentanyl	Analgesie	Fentadon® (V)
Flumazenil	Antagonist für Benzodiazepine	Anexate® (H)
Glycopyrrolat	Bradykardie	Robinul® (H)
Imidocarb	Babesiose	Carbesia® (V)

Tab. 2-3 Weiterführende Notfallmedikamente für größere Praxen und Kliniken

Wirkstoff	Einsatzgebiet	Bsp. Handelsname
Insulin Kurzzeit	Diabetes mellitus	Huminsulin® (H)
Insulin Langzeit	Diabetes mellitus	Caninsulin® (V)
Isofluran oder Sevofluran	Anästhetika	Isoflo® (V)
Levatirazetam	Krämpfe	Keppra® (H)
Marbofloxacin	bakterielle Infektionen	Marbocyl® (V)
Midazolam	Krämpfe, Sedation	MIDAZolam® (H)
Noradrenalin	Hypotension	Aterenol® (H)
Ondansetron	Erbrechen unterdrücken	Ondansetron HEXAL® (H)
Pimobendan	Herzversagen	Vetmedin® (V)
Propranolol	Tachykardie	Dociton® (H)
Ranitidin	allergische Reaktionen, Magenschutz Katze	Ranitic® (H)
Torasemid Injektionslösung	Lungenödem, Diurese	Torem® (H)
Tramadol	Analgesie	Tralieve® (V)
Tranexamsäure	Thrombembolie	Cyclokapron® (H)

(V) = Veterinärzulassung; (H) = Humanzulassung

PRAXISTIPP

Die Notfallmedikamente sollten immer griffbereit und aufgefüllt sein. Dosierungslisten ermöglichen das schnelle Auffinden der Dosis, insbesondere bei selten verwendeten Medikamenten.

Neben Dosierungslisten und Tabellen besteht auch die Möglichkeit, Dosisrechner zu verwenden. Diese können unter anderem in Form von Excel-Dateien auf den Praxiscomputern hinterlegt sein. Allerdings müssen diese natürlich regelmäßig an neue Medikamente angepasst werden. Zur besseren Vergleichbarkeit mehrerer Präparate desselben Wirkstoffes erfolgt die Berechnung stets in mg/kg Körpergewicht (KGW). Diese Dosis wird anschließend in ml umgerechnet.

Den beispielhaften Aufbau eines Dosisrechners sowie Dosierungslisten für verschiedene Medikamente finden Sie zum Download auf tfa-wissen.de unter:

svg.to/dosisrechner

svg.to/dosierungslisten

Infusionslösungen

Infusionen gehören zu den wichtigsten medikamentellen Therapien von Notfallpatienten. Sie dienen zur Schocktherapie und zum Ausgleich von Flüssigkeitsverlusten. Generell wird zwischen kristalloiden und kolloidalen Infusionslösungen unterschieden (▶ Abb. 2-14).

Kristalloid sind Infusionen, die aus Wasser und Elektrolyten bestehen. Diese verbleiben nicht im Gefäßsystem, sondern diffundieren in das Interstitium sowie im Falle von freiem Wasser auch in die Zellen. Damit verbleiben nach ca. 30–60 min von einem Liter kristalloider Infusion

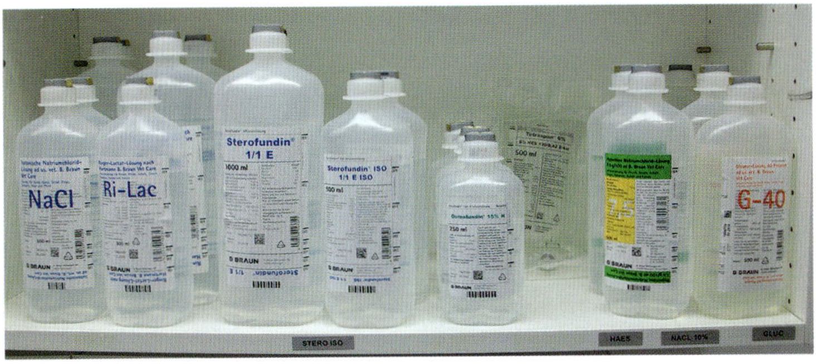

Abb. 2-14 Wichtige Infusionslösungen: kristalloide und kolloidale Lösungen

meist nicht mehr als 250 ml im Gefäßsystem. Der Rest wurde bis dahin in das Interstitium umverteilt. Die kristalloiden Infusionslösungen können weiterhin in isotone, hypotone und hypertone Lösungen unterteilt werden.

- **Isotone Lösungen** besitzen aufgrund ihrer Elektrolytmengen eine Osmolarität, die in etwa der des Körpers, also ca. 300 mosmol/l entspricht. Sie werden auch als Vollelektrolytlösungen bezeichnet und sind mit dem Zusatz 1/1 gekennzeichnet. Isotone Vollelektrolytlösungen stellen die klassischen Schockinfusionslösungen, Ersatzlösungen und Rehydratationslösungen dar. Beispiele sind 0,9%ige NaCl-Lösung, Ringer-Laktat- und Ringer-Acetat-Lösungen. Isotone 0,9%ige NaCl-Lösung besitzt einen sehr hohen Chloridgehalt, sodass die alleinige Infusion hiermit zur Anreicherung von Chlorid im Körper und zur Ansäuerung des Patienten führen kann. Balancierte Vollelektrolytlösungen wie Ringer-Acetat hingegen besitzen physiologischere Elektrolytkonzentrationen und zugleich einen gewissen Gehalt an Kalium, Calcium und gelegentlich Magnesium.
- **Hypotone Lösungen** besitzen einen geringeren Elektrolytgehalt und somit eine geringere Osmolarität als Körperflüssigkeit. Damit werden sie vermehrt in die Zellen umverteilt. Dies kann zur alleinigen Erhaltungsinfusion und zum Senken einer Hypernatriämie sinnvoll sein. Hypotone Lösungen sind meist mit dem Zusatz 1/2

oder 1/3 versehen. Auch eine 5%ige Glukoselösung ist eine hypotone Lösung, da die Glukose schnell verstoffwechselt wird und damit freies Wasser im Körper zurückbleibt. Aufgrund der schnellen Aufnahme der Flüssigkeit in die Zellen sind hypotone Lösungen weder als Schockinfusion noch zur Rehydratation geeignet.

- **Hypertone Lösungen** besitzen einen deutlich höheren Elektrolytgehalt als die Körperflüssigkeiten. Dadurch ziehen sie Flüssigkeit aus der Zelle in das Gefäßsystem und in das Interstitium und sind somit gut für die Schocktherapie, insbesondere bei großen Patienten, geeignet. Eine zu hohe Dosis kann allerdings mit Nebenwirkungen wie Dehydratation bis hin zu Krämpfen verbunden sein.

Kolloide sind recht große Moleküle, welche die Gefäßwand nicht bzw. nur sehr langsam durchdringen können und daher im Gefäßsystem verbleiben. Damit sind kolloidale Infusionslösungen insbesondere zur Schockinfusion oder bei Tieren mit sehr geringem Proteingehalt hilfreich. Es stehen sowohl natürliche Kolloidlösungen wie Plasma und Vollblut, als auch künstliche Kolloidlösungen wie Hydroxyethylstärke (HAES) zur Verfügung. Zu Effekt und Nebenwirkungen des HAES werden aktuell massive Diskussionen geführt. Bei Menschen mit Sepsis wurde nach Einsatz von HAES eine höhere Sterberate und eine stärkere Entwicklung akuter Nierenschädigungen beobachtet. Aktuell sind HAES-Lösungen für die Veterinärmedizin nicht verfügbar. Schlechtere Alternativen stellen Gelatinepräparate dar.

In ▶ Tab. 2-4 ist die Zusammensetzung einiger gängiger Infusionslösungen dargestellt. Alle Infusionslösungen sollten möglichst intravenös (i.v.) oder bei sehr kleinen Patienten intraossär (i.o.) verabreicht werden. Dies kann frei tropfend aus der Infusionsflasche, über ein Infusionsbesteck mit numerisch einstellbarer Infusionsrate oder im Optimalfall über eine Infusionspumpe erfolgen. Falls sich der Patient nicht im Schock befindet, ist in Ausnahmefällen auch eine subkutane (s.c.) Verabreichung isotoner Lösungen möglich. Infusionspumpen erleichtern die gezielte Infusionstherapie mit exakten Mengen. Mithilfe

Tab. 2-4 Zusammensetzung verschiedener Infusionslösungen

Lösung	Osmolarität (mosmol/l)	Na^+ (mmol/l)	Cl^- (mmol/l)	K^+ (mmol/l)	Ca^{2+} (mmol/l)	Mg^{2+} (mmol/l)	Sonstiges	Puffer (mmol/l)
NaCl 0,9 %	308	154	154	-	–	–	–	–
NaCl 7,5 %	2566	1282	1283	-	–	–	–	–
Ringer-Laktat	277	131	112	5,4	1,84	–	–	Laktat 28
Sterofundin® ISO	309	145	127	4	2,5	1,0	–	Acetat 24, Malat 5
Tetraspan® 6 %	298	140	118	4	2,5	1,0	HEAS 60 g/l	Acetat 24, Malat 5
Voluven® 6 %	308	154	154	-	–	–	HAES 60 g/l	–
Glukose 5 %	300	–	-	-	–	–	Glucose 300 mmol/l	–
Elektrosel®	445	116	114	5,4	1,4	1,5	Sorbitol 35 g/l	Laktat 13,4
Normofundin® OP	211	80	76	18	2	3	Zn 0,08 mmol/l	Acetat 32

von Spritzenpumpen können sehr kleine Infusionsmengen oder kurzwirksame Analgetika und vasoaktive Medikamente kontinuierlich in exakten Mengen verabreicht werden.

Infusionszusätze

Vielen Infusionen können, je nach Anforderungen des Patienten und Abweichungen vom physiologischen Zustand, verschiedene Zusätze wie Glukose, Kalium, Phosphat, Magnesium usw. beigemischt werden (▶ Abb. 2-15). Wichtig hierbei ist zu beachten, dass diese Lösungen nicht als Schockinfusion, sondern nur kontrolliert über einen längeren Zeitraum verbreicht werden sollten. Daher müssen diese Lösungen **exakt beschriftet** werden. Nach der Zugabe der Infusionszusätze müssen die Lösungen **adäquat durchmischt** werden, da ansonsten extrem hohe Konzentrationen des Zusatzes in den Patienten gelangen und unerwünschte Nebenwirkungen zur Folge haben können. Beim Zusetzen besteht ebenfalls die Gefahr, dass die Lösung bakteriell kontaminiert wird. Daher sollte das Anmischen so steril wie möglich erfolgen. Grundsätzlich birgt jede angebrochene Infusionslösung das Risiko eines Bakterienwachstums. Daher sollten einmal geöffnete oder am Patienten befindliche Infusionsflaschen mit Anbruchdatum und -zeit beschriftet und nach 24–48 h verworfen werden (▶ Abb. 2-16).

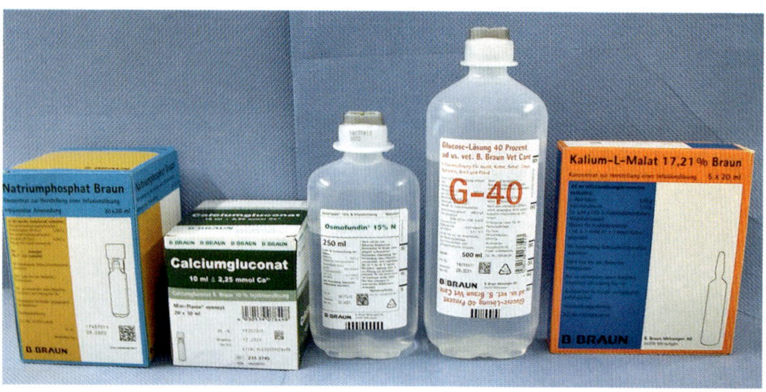

Abb. 2-15 Häufig verwendete Infusionszusätze (v.l.n.r.): Phosphat, Calciumgluconat 10 %, Mannitol, Glukose 40 % und Kalium-L-Malat

Einen besonderen Infusionszusatz stellt Kalium dar. Es wird häufig bei Patienten mit stationärer Therapie eingesetzt, da viele von ihnen im Laufe der Zeit eine Hypokaliämie entwickeln. Zur Substitution stehen Kaliumchlorid und Kalium-L-Malat zur Verfügung. Der Chloridgehalt im Kaliumchlorid kann jedoch, wie zuvor bereits erwähnt, zur Ansäuerung des Patienten führen. Kalium-L-Malat erscheint daher besser geeignet, da das Malat als Puffer dient. Die zu substituierende Menge richtet sich nach dem Serumkalium-Gehalt des Patienten. Einen Überblick dazu liefert (▶ Tab. 2-5). Hierbei ist zu beachten, dass viele Infusionslösungen bereits Kalium enthalten. Diese Menge sollte vom Zusatz abgezogen werden. Da in Deutschland zurzeit nur einmolare Kaliumlösungen (= 1 mol/l) erhältlich sind, entspricht die Tabellenangabe in mmol auch der Menge in ml, die zuzusetzen ist. Kalium darf nie zu schnell verabreicht werden. Daher sollte eine maximale Infusionsrate von 0,5 mmol/kg KGW/h nicht überschritten werden.

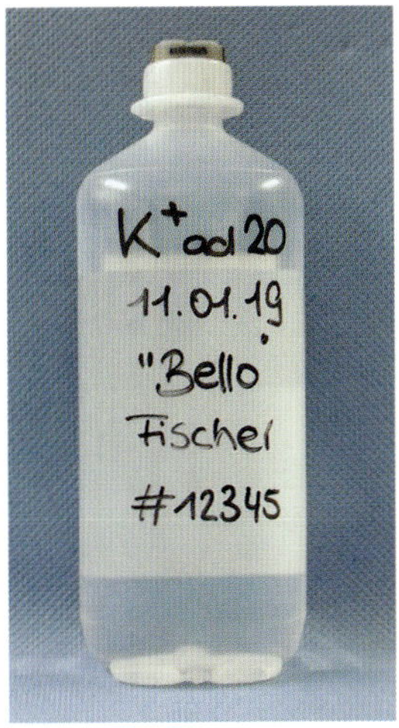

Abb. 2-16 Ordnungsgemäß beschriftete Infusionsflasche mit Kaliumzusatz. **Beachte:** Die Beschriftung enthält die Patientenidentifikation, das Anbruchdatum und zugesetzte Substanzen.

Tab. 2-5 Kalium-Substitution in Abhängigkeit vom Kaliumgehalt im Serum

Serumkalium (mmol/l)	Kalium-Substitution (mmol/l)	maximale Rate (ml/kg/h)
4,5–3,5	20	25
3,0–3,5	30	16
2,5–3,0	40	12
2,0–2,5	60	9
< 2	80	6

Phosphat als Infusionszusatz wird insbesondere beim Phosphatmangel, wie er z.B. bei der diabetischen Ketoazidose entsteht, eingesetzt. Da Phosphat mit Calcium Komplexe bildet, sollte es nicht zusammen mit calicumhaltigen Lösungen verabreicht werden. Am besten ist die Verabreichung über einen gesonderten Venenkatheter.

In der folgenden Tabelle (▶ Tab. 2-6) sind verschiedene Infusionslösungen und -zusätze mit ihren jeweiligen Einsatzgebieten und Besonderheiten dargestellt.

Tab. 2-6 Umfangreiche Ausstattung mit Infusionslösungen und -zusätzen

Wirkstoff	Einsatzgebiet	Bsp. Handelsname	Besonderheiten
Aminosäurelösung 10 %	Hypoalbuminämie, parenterale Ernährung	Aminoplasmal® 10 %	**CAVE:** hohe Osmolarität, nur verdünnt oder zentralvenös verabreichen
balancierte Vollelektrolytlösung	Schock, Rehydratation, Erhaltung	Ringer-Laktat, Sterofundin® ISO	
Calciumgluconat 10 %	Hypokalzämie	Calciumgluconat 10 %	
Erythrozytenkonzentrat	Anämie		
Glukose 5 %	Hypernatriämie	Glukose 5 %	nicht als Standardinfusion geeignet, da effektiv nur freies Wasser
Glukose 40 %	Hypoglykämie	Glukose 40 %	**CAVE:** hohe Osmolarität, nur verdünnt verabreichen
Hydroxyethylstärke (HAES)	Hypoproteinämie, Schock	Tetraspan®	

Tab. 2-6 Umfangreiche Ausstattung mit Infusionslösungen und -zusätzen

Wirkstoff	Einsatzgebiet	Bsp. Handelsname	Besonderheiten
Kalium-L-Malat	Hypokaliämie	Kalium-L-Malat	maximal 0,5 ml/kg KGW/h verabreichen
Kaliumchlorid	Hypokaliämie	Kaliumchlorid 7,5 %	maximal 0,5 ml/kg KGW/h verabreichen
Lipidlösung 20 %	parenterale Ernährung, Intoxikationen	Lipofundin® 20 %	
Magnesiumsulfat	Hypomagnesämie, Tetanus	Magnesium Verla® 50 %	
Mannitol 15 %	Gehirnödem, Anurie	Osmofundin®	
Natriumphosphat	Hypophosphatämie	Natriumphosphat B.Braun	nur als DTI, nicht zusammen mit calciumhaltigen Infusionen
Natriumbicarbonat 8,4 %	Azidose, Hyperkaliämie	Natriumbicarbonat 8,4 %	nicht zusammen mit calciumhaltigen Infusionen
NaCl 0,9 %	Hypochlorämie, metabolische Alkalose	NaCl 0,9 % ad us. vet.	
NaCl 7,5 %	Schock, Hirnödem	NaCl 7,5 % ad us. vet.	**CAVE:** max. 4 ml/kg KGW
Plasma (frisch oder gefroren)	Gerinnungsstörungen, Hypoalbuminämie		
Vollblut	Anämie, Gerinnungsstörungen		

2.2.7 Aufrechterhaltung der Ausstattung

Das Notfallmaterial muss zu jedem Zeitpunkt komplett und einsatzbereit sein. Daher ist es essenziell, die Ausstattung regelmäßig zu kontrollieren und aufzufüllen. Dies sollte die zuständige TFA übernehmen. Hierbei ist es sinnvoll, eine Person bzw. Position mit der Aufgabe zu betrauen. Wenn viele Personen zuständig sind oder keiner explizit benannt ist, funktioniert das System meist nicht.

Die Materialien sollten zu jedem Schichtbeginn überprüft werden. Am besten geht man anhand der minimal/maximal-Listen durch die entsprechenden Räume. Am Ende der Kontrolle sollte an einer bestimmten Stelle/Liste die Kontrolle gegengezeichnet werden. Zudem sollte die diensthabende TFA mit der permanenten Auffüllung des verbrauchten Materials betreut werden.

Manche selten genutzte Materialboxen können auch mit einem Klebeband markiert werden, welches bei Benutzung wie ein Siegel gebrochen wird (▶ Abb. 2-17). Daran kann die verantwortliche Person dann die

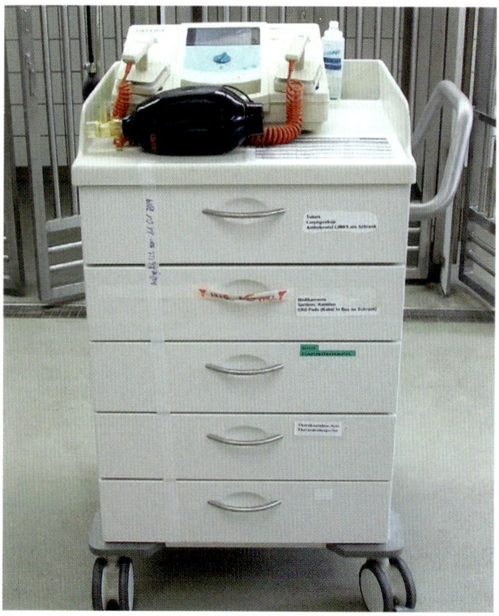

Abb. 2-17 Portabler Notfallwagen. Schubladen sind mit enthaltenen Materialien beschriftet. Das Datum der letzten Kontrolle ist am Sicherungsband vermerkt.

Notwendigkeit des Auffüllens erkennen. Für Boxen mit fertigen Sets sind zum Auffüllen Inhaltslisten sehr hilfreich. Das Material muss dann nur noch nach Liste ersetzt werden.

Hilfreiche Bestands- und Auffülllisten für die Station sowie für den Hunde- und Katzenstall finden Sie zum Download auf tfa-wissen.de unter:

svg.to/bestandsliste_station

svg.to/bestandsliste_hundestall

svg.to/bestandsliste_katzenstall

2.2.8 Andere Arbeitshilfen

Das Vorhandensein von **Notfallprotokollen** mit Flowcharts (Flussdiagramme) und Medikamenten-Dosierungstabellen ermöglichen den schnellen und koordinierten Zugang zum Patienten und die exakte Dosierung der Medikamente ohne Rechenfehler. Einschlägige **Fachliteratur** in unmittelbarer Nähe ermöglicht zudem das Nachschlagen bei nicht-alltäglichen Notfallszenarien. Online-Recherchen einschlägiger Hilfsdienste ermöglichen die gezielte Suche nach Therapieoptionen für seltenere Vergiftungsfälle sowie nach Dosierungen selten benutzter Medikamente.

Wichtige **Telefonnummern** sollten ebenfalls gut zugänglich vorhanden sein – auch in Vorbereitung auf einen Zwischenfall, in dem Menschen betroffen sind. Dazu zählen Folgende:

- Polizei
- Feuerwehr
- Krankenhaus
- Vergiftungsnotruf
- Durchgangsarzt
- Ersthelfer
- Überweisungskliniken und -praxen

2.3 Personalmanagement

2.3.1 Anforderungen

Eine besondere Herausforderung im Notdienst ist das Personalmanagement. Hierbei ist die Einstellung geeigneten Personals ebenso wichtig wie die Erstellung eines Dienstplans unter Berücksichtigung aller rechtlichen Rahmenbedingungen. Im normalen Notdienst sollten mindestens ein TA und eine TFA gemeinsam Dienst haben. Der alleinige Dienst eines TA erscheint nicht mehr zeitgemäß und ist nur in kleineren Praxen mit wenigen, einfachen Notfällen machbar.

Das Personal sollte selbstverständlich eine gute fachliche Qualifikation besitzen. Leider wird im Notdienst oft der Anfangsassistent oder die junge, weniger erfahrene TFA eingeteilt. Daher ist eine zusätzliche Ausbildung des Personals essenziell. Dies kann sowohl intern als auch extern über Kurse und Seminare erfolgen. Auf internationaler Ebene werden hierzu einige Kurse angeboten, z. B. unter www.vets-now.com/professionals/vet-cpd-events-courses/cert-vn-ecc/.

Natürlich muss der Kandidat für den Notdienst gewisse persönliche Eignung mitbringen. Hierzu zählen eine gewisse zeitliche Flexibilität, Stresstoleranz, ein gutes Allgemeinwissen, eine schnelle Auffassungsgabe und geistige Flexibilität. Zudem ist es sinnvoll, dass die geeignete Person empathisch ist, gern auch auf Menschen zugeht und dennoch ein ausreichendes Selbstbewusstsein mitbringt, um auch mit schwierigen Kunden in Stresssituationen effektiv umgehen zu können.

Um das optimale Personal zu finden, sollte die Notdienst-verantwortliche TFA mit in Personalentscheidungen einbezogen werden. Dies bezieht sich sowohl auf die Ausschreibung als auch auf die Auswahl und Einführung neuer Notdienst-TFAs und -TÄ. Dies erscheint auch in Bezug auf persönliche Eignung der Kandidaten und Teamfähigkeit sinnvoll.

2.3.2 Dienstplan

Bei der Erstellung des Notdienstplans sind eine Reihe von fachlichen, organisatorischen und rechtlichen Gegebenheiten zu beachten.

Insbesondere in Praxen mit ausgedehntem Notdienst kann es vorteilhaft sein, das Notdienstpersonal zu Zeiten mit vielen zu erwartenden Notfällen wie Urlaubszeit, Feiertage, Brückentage oder an Wochenenden entsprechend aufzustocken. Durch dieses antizyklische Personalmanagement ist das an und nach den hochfrequentierten Tagen eingesetzte Personal weniger erschöpft und die Notfälle können effektiver behandelt werden. Zudem ist es sinnvoll, eine gewisse Überlappung der Dienstzeiten vorzunehmen. Damit können zum einen Patienten effektiver übergeben werden, zum anderen kann während der Überlappungszeit eine Aufarbeitung der „antherapierten" Notfälle, d.h. derjenigen Fälle, bei denen die Therapie begonnen wurde, aber noch nicht abgeschlossen ist, erfolgen. Des Weiteren sollten die rechtlich vorgeschriebenen Pausenzeiten in die überlappende Zeit gelegt werden.

Natürlich muss auch auf persönliche Belange des Personals wie Schwangerschaft, Kleinkinder, Behinderungen, pflegebedürftige Angehörige usw. geachtet werden.

Im Dienstplan sind auch rechtliche Vorschriften wie Pausenzeiten, maximale Wochenarbeitszeit, Ausgleichstage für Wochenend- und Feiertagsarbeit und Ruhezeiten zwischen den Schichten zu beachten (Arbeitszeitgesetz). So darf die maximale Wochenarbeitszeit inklusive Bereitschaft maximal 48 h betragen. Pro Tag sollte die Dienstzeit 10 h nicht überschreiten. Zwischen jedem Dienst müssen mind. 11 h Ruhezeit liegen. Zudem ist auch die Anzahl der Sonntage, an denen man pro Jahr arbeiten darf, begrenzt.

Zwei beispielhafte Dienstpläne für vier bzw. sechs Tierärzte finden Sie zum Download auf tfa-wissen.de unter: svg.to/dienstplan_beispiel

Die blauen Kästen stehen darin für einen Nachtdienst, die roten für einen Tagdienst am Wochenende oder Feiertag. In die insgesamt 12–12,5 h Anwesenheit sind 2,5 h Pausenzeiten flexibel integriert.

Wenn möglich, kann die leitende TFA auch an der Dienstplanerstellung der TÄ beteiligt werden. Hierbei kann sie die genannten Konzepte einführen. Des Weiteren kann so vor allem bei neu angestellten Praxisassistenten auf eine Zuteilung einer erfahrenen TFA geachtet werden.

PRAXISTIPP

Der Dienstplan sollte frühzeitig angefertigt werden. Eine antizyklische Besetzung ist gerade bei hohem Patientenansturm sinnvoll. Im Dienstplan sollte genügend Puffer eingebaut werden. Arbeitszeitregelungen wie maximale Wochenarbeitszeit, Pausen- und Ruhezeiten sind zu beachten.

2.3.3 Stressbewältigung

Die Arbeit im Notdienst verlangt den Angestellten immer einiges ab. Die Arbeitszeiten liegen regelmäßig an den Wochenenden und nachts, wenn Partner, Freunde und Familienmitglieder oft Freizeit haben. Ein Großteil der Patienten im Notdienst ist schwer krank und viele versterben trotz intensiver Behandlung. Man hat viel Kontakt zu Besitzern in emotionalen Ausnahmesituationen und ist daher ständig mit Konfliktbewältigung beschäftigt. Diese und andere Stressoren wirken sich oft auf den Körper aus. Daher ist es essenziell, für sich selbst Methoden zur geistigen Gesunderhaltung zu finden. Nicht zuletzt kann der Arbeitgeber hierbei hilfreich zur Seite stehen.

Nachfolgend seien nur einige Methoden der geistigen Gesunderhaltung und Stressbewältigung aufgeführt:

- Es ist empfehlenswert die **Arbeit nicht mit nach Hause zu nehmen**. Am besten schafft man sich Rituale nach der Arbeit, redet kurz über komplexe Patienten mit Kollegen und versucht, Geschehenes bereits vor Antritt des Feierabends zu besprechen und zu verarbeiten. Die **Freizeitgestaltung** sollte möglichst arbeitsfremd gewählt werden. Viele Menschen beschäftigen sich mit Wandern, Sport, bis hin zu Extremsport, Fliegenfischen oder anderen Betätigungen, bei denen auch der Geist gefordert ist.
- Selbstverständlich kommen Menschen mit einer großen intrinsischen Motivation besser mit dem stressigen Notdienst zurecht, als geistig oder emotional labile Menschen. Dies gilt es bereits bei der Mitarbeiterauswahl zu berücksichtigen. Auch permanente **Motivation durch Kollegen und Mitarbeiter** sollte im Notdienst selbstverständlich sein.
- Die alleinige Arbeit im Notdienst kann auf die Dauer belastend sein. Daher ist es hilfreich, **gelegentlich die Position zu wechseln**. Das heißt, wer nur im Nachtdienst arbeitet, sollte hin und wieder auch im Tagdienst eingesetzt werden. Auch gelegentliche **Hospitanzen** an anderen Notdiensteinrichtungen helfen, aus dem eigenen Trott herauszukommen und neuen Input, Anregungen und Motivation zu erlangen. Dies gilt ebenso für den Besuch von **Seminaren und Fortbildungen** bzw. Kongressen zum Thema Notfallmedizin. Hierzu wären z. B. die jährlich stattfindenden Kongresse der Internationalen Vereinigungen der Notfallmedizin wie European Veterinary Emergency and Critical Care Congress (evecc-congress.org) und International Veterinary Emergency and Critical Care Society Congress (veccs.org) zu nennen.
- Alleinige Arbeit im Notdienst macht einsam. Daher empfiehlt es sich, viel mit Kollegen aus anderen Arbeitsbereichen der Praxis/Klinik zu **kommunizieren bzw. zu interagieren**. Zum Erhalt des Gemeinschaftsgefühls ist es hilfreich, sich die Sorgen und Nöte anderer Kollegen anzuhören, um auch selbst gehört zu werden.

- Zudem kann man selbst auch an der **geistigen Gesundheit** arbeiten, indem man sich z.B. mit autogenem Training, Yoga oder anderen Entspannungstechniken vertraut macht. Zu guter Letzt helfen auch an Volkshochschulen angebotene Kurse zur Stressbewältigung, über Konfliktmanagement und Selbstorganisation, den Arbeitsalltag zu meistern.

PRAXISTIPP

Die Praxisleitung sollte insbesondere auf die geistige Gesundheit der Notdienstbesetzung achten und regelmäßig Gespräche mit dem Personal suchen, um Veränderungen und Probleme frühzeitig zu bemerken und ggf. unterstützend eingreifen zu können.

2.4 Listen, Tabellen, Flowcharts

Wie bereits erwähnt, führen Routine und Standards häufig zu besseren Ergebnissen. Daher ist es sinnvoll, vor allem in größeren Praxen mit hoher Personalfluktuation sogenannte **Standard Operating Procedures** (**SOPs**) zu erstellen. Diese sollten unter anderem Standards zur Triage, Patientenaufnahme, Organisation, Reinigung und Desinfektion, aber auch zu spezifischen Notfallerkrankungen beinhalten.

Am besten sollten diese in Vorbereitung des Notdienstes erstellt werden. Natürlich müssen, sobald neue Geräte, Abläufe und Methoden zum Einsatz kommen, die entsprechenden Anleitungen erstellt sein und für alle Anwender zur Verfügung stehen.

Alle diese Anleitungen müssen in den Praxisablauf implementiert werden. Dazu reicht ein allgemeines Ablegen nicht aus. Optimal ist eine Besprechung mit allen Mitarbeitern, in der neue SOPs vorgestellt und ggf. diskutiert werden. Im Anschluss können die fertigen Anleitungen an alle Beteiligten verschickt werden. Zur permanenten Orientierung ist es sinnvoll, die SOPs sowohl als Ausdruck als auch digital auf allen Praxiscomputern vorliegen zu haben. Die Einführung bzw. Änderung einer Anweisung ohne die entsprechende Information aller Beteiligten ist meist deutlich weniger erfolgreich.

Es reicht auch nicht aus, Anweisungen einmal zu erteilen und sie dann jahrelang auf dem Papier unverändert zu lassen. Viele Vorgehensweisen sind im Laufe der Zeit Veränderungen unterworfen. Auch medizinische Richtlinien ändern sich regelmäßig. Daher sollten alle Anleitungen regelmäßig, z. B. im Jahresabstand evaluiert und ggf. angepasst werden. Sowohl bei der Erstellung als auch bei der Einführung und Aufrechterhaltung der SOPs kann die TFA einen großen und wichtigen Beitrag leisten. Dazu ist es optimal, wenn die für das Gerät bzw. die Abteilung zuständige TFA bei allen Punkten der SOP-Erstellung hinzugezogen oder die Erstellung ihr übertragen wird.

PRAXISTIPP

Viele Vorgehensweisen und medizinische Richtlinien ändern sich im Laufe der Zeit. Daher sollten schriftlich erstellte Anleitungen regelmäßig auf ihre Aktualität und Richtigkeit überprüft und ggf. überarbeitet werden.

Zu den SOPs gehören ebenfalls eine Reihe von Listen. Dazu zählen Auffüll- bzw. Bestandslisten, Reinigungslisten für Räume, Dosierungslisten für Medikamente bis hin zu Excel-Dateien zur Berechnung von Medikamentendosen. Diese Listen helfen, Material in ausreichender Menge verfügbar zu halten und Rechenfehler im Notfall zu vermeiden. Wie anfangs erwähnt, sollten alle möglichen Maßnahmen ergriffen werden, um die Notfallmaterialien permanent einsatzbereit zu halten und Fehler in der Hektik des Notdienstes zu vermeiden.

Für standardisierte Praxisabläufe, z.B. Patientenaufnahme, Abrechnung, OP-Reinigung sowie verschiedene Notfallszenarien, können diese SOPs in Form von **Flowcharts** auf einer A4-Seite übersichtlich dargestellt werden. Manche Personen können damit deutlich mehr anfangen als mit niedergeschriebenem Fließtext.

Beispiele für SOPs im Fall von Anaphylaxie, Hitzschlag und Hypoglykämie mit klinischem Erscheinungsbild, Notfalltherapie und Differenzialdiagnosen finden Sie zum Download auf tfa-wissen.de unter:

svg.to/sop_anaphylaxie

svg.to/sop_hitzschlag

svg.to/sop_hypoglykaemie

BEACHTE

Die optimale Vorbereitung auf den Notfall und das Vorhandensein aller Materialien ist der erste, essenzielle Schritt zur erfolgreichen Notfalltherapie.

2.5 Dokumentation und Rücküberweisungen

Jeder überwiesene Notfallpatient sollte am Ende der Behandlung eine Rücküberweisung bekommen. Auch nicht-überwiesene Patienten sollten einen Befundbericht zur Vorlage beim Haustierarzt erhalten. Es ist sicherlich nicht immer einfach, dies in der Hektik des Notdienstes zu ermöglichen. Hier kann gute Organisation und die Mitarbeit der TFA viel Erleichterung bringen. Die Einträge im Praxisverwaltungsprogramm können bereits standardisiert bzw. in Form eines Formulars erfolgen. Dies kann die TFA nach Anweisung des TA bereits erledigen. Viele

Praxisverwaltungsprogramme bieten die Option, bereits vorgefertigte Formulare und Formulierungen zu verwenden, sodass nur noch die Behandlungsdaten entsprechend eingetragen werden müssen. Auch dies kann, bei gut strukturierten Patientenkarteien, aus Behandlungsformularen automatisch passieren. Bei gut vorbereiteten Formularen ist somit eine Rücküberweisung innerhalb kurzer Zeit fertig und kann direkt mitgegeben werden. Dies hilft einerseits, Unklarheiten beim Tierbesitzer, z. B. zur Medikation, zu beseitigen. Zum anderen informiert es den überweisenden Tierarzt über die Befunde und die durchgeführte Behandlung.

Es ist hilfreich, zur Erstellung der Befundberichte bzw. Rücküberweisungen in der Praxis klare Richtlinien zu haben. Diese sollten sowohl die Zuständigkeit für die Berichte klären als auch den Zeitraum, in dem die Berichte versendet sein sollten, festlegen.

Natürlich ist ein Bericht schneller beim Haustierarzt, wenn er per E-Mail oder Fax versandt wird. Daher sollte bei jedem Notfallpatienten Wert darauf gelegt werden, dass in der Datei sowohl der Haustierarzt bzw. überweisende Tierarzt vermerkt ist als auch die Fax-Nummer bzw. E-Mail-Adresse aktuell ist.

Selbstverständlich empfiehlt es sich auch, insbesondere bei komplexen Patienten ein kurzes Telefonat mit dem überweisenden Tierarzt zum aktuellen Stand zu führen. Dadurch kann man gelegentlich weitere, wichtige Informationen zum Fall erlangen.

2.6 Die Triage

Im Praxis- oder Klinikalltag werden häufig viele, unterschiedlich kranke Patienten vorgestellt. In den Augen des Tierbesitzers erscheint jede Situation, die seiner Ansicht nach mit einer potenziellen oder akuten Gefährdung des Wohlbefindens oder des Lebens des Patienten einhergeht bzw. zu Leiden, Schmerzen oder Schäden führen kann oder auch nur eine Abweichung vom Alltag und normalen Befinden des Tieres darstellt, als Notfall.

BEACHTE

Der Notfall im medizinischen Sinne…

… ist ein akut lebensbedrohlicher Zustand, der zu irreversiblen Verlusten der Funktion einzelner Organe oder der Vitalfunktionen bis hin zum Tod führt oder führen kann.

Damit besteht eine Diskrepanz zwischen den Erwartungen des Besitzers und der medizinischen Notwendigkeit der sofortigen Notfalltherapie. Ziel der Erstuntersuchung sollte somit sein, den tatsächlichen Schweregrad des Notfalls effektiv einzuschätzen, um schnellstmöglich adäquate Maßnahmen treffen zu können und den Patienten in einem optimalen Zeitfenster behandeln zu können. Daher sollte jeder Notfallpatient bereits beim Betreten der Praxis einer kurzen klinischen Untersuchung unterzogen werden. Diese umfasst selbstverständlich auch eine kurze Anamnese (▶ Kasten „Notfall-Anamnese“).

Notfall-Anamnese:
Erste Fragen an den Patientenbesitzer

- Was ist das aktuelle Problem?
- Seit wann dauert dieses an?
- Erfolgte eine Vorbehandlung bzw. steht das Tier aktuell unter einer Medikation?
- Sind irgendwelche Allergien bekannt?

Die Erstuntersuchung wird auch als **Triage** bezeichnet. Dies bedeutet sinngemäß eine **Sortierung der Notfälle** nach dem Schweregrad des Zustands. Sie hat in der Katastrophenmedizin das Ziel, die Notfälle optimal einschätzen zu können und festzustellen, welcher der Patienten sich in einem lebensbedrohlichen Zustand befindet und einer bevorzugten Behandlung bedarf, um schlussendlich möglichst viele Patienten zu retten. Dabei sollte nicht zu viel Zeit mit bereits toten oder nur leicht verletzten Patienten verbracht werden. Ist das Leben eines Patienten akut bedroht, wird gleichzeitig festgestellt, woran der Patient potenziell versterben kann.

Die Durchführung der Triage obliegt der Person, **die den ersten Patientenkontakt hat**. Dies kann die TFA oder auch der TA sein. Innerhalb einer kurzen Zeit von ca. einer Minute werden die wichtigsten Vitalparameter nach dem **ABC-Schema** untersucht:

A (Airways/Atemwege):
Es wird beurteilt, ob die Atemwege frei sind. Dies bedeutet nicht, dass jedem Patienten so weit ins Maul geschaut werden muss, bis der Kehlkopf sichtbar ist. Es sollte aber zumindest die Maulhöhle kurz auf große Fremdköper untersucht werden und durch Hören und Beurteilung der Atmung entschieden werden, ob die Atemwege frei sind.

B (Breathing/Atmung):
Zur Beurteilung der Atmung wird neben der **Atemfrequenz** auch insbesondere auf die Atemarbeit geachtet. Ziel ist es, herauszufinden, ob der Patient Probleme mit der Atmung und folglich der Sauerstoffaufnahme hat. Insbesondere Tiere mit Erkrankungen der oberen Atemwege weisen oft eine sehr langsame Atemfrequenz auf, müssen jedoch eine hochgradige Arbeit leisten, um Luft und damit Sauerstoff (O_2) einzuatmen. Diese **Atemarbeit** ist meist an starken abdominalen Atembewegungen, also Bewegungen der Flanken, zu erkennen. Falls man sich nicht sicher ist, ob das Tier eine verstärkte Atemarbeit aufweist, ist es sinnvoll, mit dem Patienten mitzuatmen. Dabei kann man oft mitfühlen, ob es sich um einfach nur frequente Atmung handelt oder ob es Atemnot ist. Zur weiteren Beurteilung der Atmung sollte zugleich eruiert werden, ob das Tier einen Stridor, also Atemgeräusche der oberen Atemwege, aufweist. Dies ist insbesondere bei Hunden oft schon beim Eintreten in den Behandlungsraum auffällig. Bei Katzen fällt der Stridor oft weniger imposant auf. Hier kann es helfen, die oberen Atemwege vorsichtig durchzutasten, um dann bei leichtem Druck auf Kehlkopf oder Luft-

röhre evtl. einen verstärkten Stridor hören zu können. Zur weiteren Beurteilung der Atmung wird die Lunge kurz auskultiert, also mit dem Stethoskop abgehört. Dabei achtet man auf die Stärke der Ein- und Ausatemgeräusche. Sind die Atemgeräusche verstärkt, liegt wahrscheinlich eine Lungenerkrankung vor. Bei abgeschwächten Atemgeräuschen ist eine Pleuralspalt-Erkrankung wie z.B. ein Pneumothorax oder ein Liquidothorax wahrscheinlich.

C (Circulation/Kreislauf):

Viele Notfallpatienten leiden an Kreislaufproblemen. Um diese zu erkennen, muss eine gezielte Untersuchung der folgenden sechs Kreislaufparameter durchgeführt werden:

- Herzfrequenz
- Schleimhautfarbe
- kapilläre Rückfüllzeit
- Pulsqualität
- Bewusstsein
- periphere Gliedmaßentemperatur

Die **Herzfrequenz** lässt sich am besten durch die Auskultation am rechten und linken Thorax in mittlerer Höhe unter der Schulter (im Bereich des 4.–5. Interkostalraums) bestimmen. Bei Patienten im Kreislaufversagen ist die Frequenz meist höher, in seltenen Fällen auch niedriger als physiologisch.

BEACHTE

Herzfrequenz: Richtwerte für Hund und Katze

- Die **normale Herzfrequenz für Hunde** beträgt je nach Rasse und Alter ca. 60–120 Schläge pro Minute.
- Eine Herzfrequenz über 100–120/min ist bei großen Rassen, über 140/min bei fast allen Hunden als zu hoch anzusehen.
- Die **normale Herzfrequenz für Katzen** liegt bei ca. 160–200 Schlägen pro Minute.
- Katzen mit Kreislaufproblemen besitzen oft eine geringere Herzfrequenz als üblich.

Die **Maul- oder Augenschleimhäute** sind normalerweise blassrosa gefärbt. Bei Tieren im Kreislaufversagen sind diese oft blass oder deutlich gerötet.

Die **kapilläre Rückfüllzeit** (KFZ) wird an der Innenseite der Lefze bzw. am Zahnfleisch durch Druck auf die Schleimhaut und die damit einhergehende Verdrängung des Blutes aus den Kapillaren bestimmt. Nach dem Entfernen des druckausübenden Fingers wird gemessen, wie lange es bis zum Wiedereintritt der Rosafärbung dauert (▶Abb. 2-18). Norma-

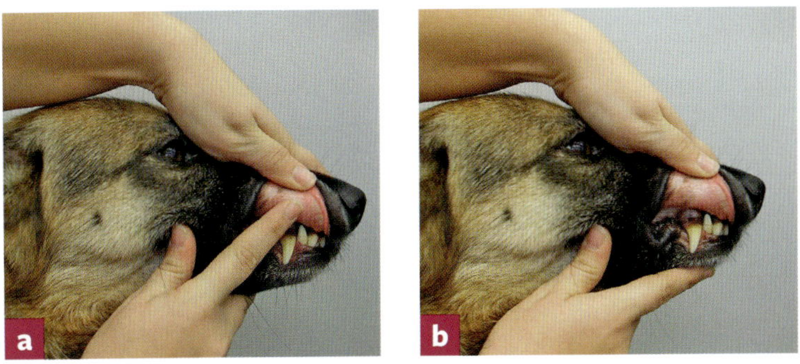

Abb. 2-18 Bestimmung der kapillären Rückfüllzeit an der Lefze eines Hundes.
a Der Finger übt Druck auf die Schleimhaut aus.
b Nach Beenden des Fingerdrucks wird die KFZ gemessen.

lerweise liegt die KFZ bei Hunden und Katzen bei ca. 1,5, also unter 2 Sekunden. Beim Kreislaufversagen ist die KFZ meist verlängert. In einigen Fällen kann diese allerdings auch deutlich verkürzt sein (▶ Kap. 3.2 „Schock“).

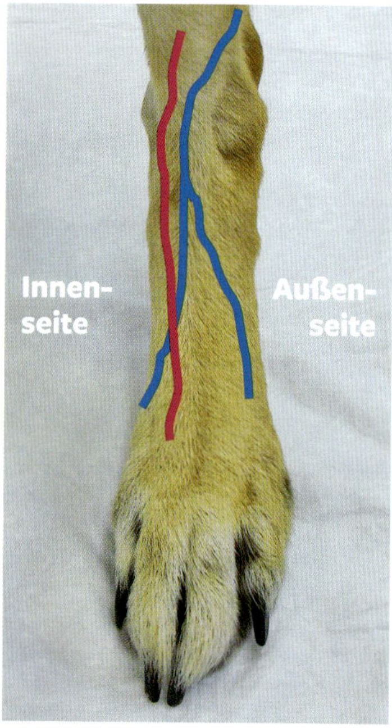

Abb. 2-19 Lokalisation der dorsalen Metatarsalarterie und -vene. Die Arterie ist rot, die Vene blau markiert.

Die **Pulsqualität** wird optimal an einer peripheren Arterie bestimmt. Dazu zählt vor allem die Arteria dorsalis pedis auf dem Fußrücken unterhalb des Sprunggelenks (▶ Abb. 2-19). Der arterielle Puls sollte gut und kräftig spürbar sein. Im Kreislaufversagen ist der arterielle Puls oft nicht palpabel, also nicht fühlbar. Falls der Puls an der A. dorsalis pedis nicht palpabel ist, kann es dennoch sein, dass er an der A. femoralis (Innenschenkelarterie) tastbar ist. Ein fehlender Puls an der A. dorsalis pedis weist bereits auf einen sehr schlechten Kreislaufzustand hin. Falls der Puls auch an der A. femoralis nicht tastbar ist, handelt es sich um eine akut lebensbedrohliche Situation. Neben der Pulsqualität sollte selbstverständlich auch auf Gefäßspannung, Gefäßfüllung, Regelmäßigkeit und Abgesetztheit des Pulses geachtet werden.

Das **Bewusstsein** ist im Kreislaufversagen durch den geringeren Sauerstofftransport oft vermindert. Daher sollte dieses auch als Kreislaufparameter mitbestimmt werden.

Bei manchen Schockformen ist durch die Zentralisierung des Blutes und die dadurch verminderte Hautdurchblutung auch die **Temperatur der Gliedmaßen** verringert. Somit stellt die periphere Temperatur den 6. Kreislaufparameter dar.

D (Disabilities/weitere Schädigungen):
Beim Notfallpatienten sollten je nach Vorstellungsgrund noch weitere, auf den ersten Blick sichtbare Veränderungen beachtet werden. Dazu zählen neurologische Befunde wie Krämpfe, Stehfähigkeit und Pupillengröße bzw. Pupillenlichtreaktion. Eine Miosis (enge Pupillen) oder Mydriasis (Pupillenerweiterung), die nicht auf einfallendes Licht reagiert sowie eine Anisokorie (die Pupillen beider Augen sind unterschiedlich groß) sind Hinweise auf eine Störung im zentralen Nervensystem. Ebenso sollte bei Tieren mit Harnabsatzproblemen die Blase palpiert werden. Tiere mit einer prall gefüllten Blase stellen oft einen schwerwiegenderen Notfall dar. Weitere Auffälligkeiten, die beachtet werden sollten, sind, ob sich das Tier gerade in der Geburt befindet oder ob offensichtliche Blutungen, Wunden oder Schmerzen vorhanden sind.

Extreme Abweichungen der Temperatur sollten ebenfalls frühzeitig erkannt werden. Daher ist die Temperaturmessung bereits in der Triage bei Tieren mit Verdacht auf Temperaturabweichungen durchzuführen. Ein Hitzschlag mit Temperaturen über 41,0 °C kann genauso lebensbedrohlich sein wie eine Hypothermie mit Temperaturen unter 37,0 °C.

E (Exposure/Exposition):
Zu guter Letzt sollte bereits in der Erstuntersuchung gefragt werden, ob Allergien vorliegen, aktuell Medikamente eingenommen werden, Kontakt zu Giftstoffen, Haushaltschemikalien, potenziell giftigen Tieren oder anderen schädigenden Substanzen bestand.

Dokumentation: Die Befunde der Triage sollten auf einem Triage-Blatt, auch gern digital, dokumentiert werden, damit sie auch bei vielen Patienten noch nach einer Stunde zum Vergleich mit aktuellen Werten zur Verfügung stehen (▶ Abb. 2-20).

Das Formular für die Triage auf der nächsten Seite finden Sie zusätzlich zum Download auf tfa-wissen.de unter:
svg.to/triage_sheet

TRIAGE

Vorstellungsgrund:	Tierart
	Rasse
Vorbehandlung:	Alter
	Geschlecht
Unverträglichkeiten:	Patientenname/ Patientennummer
Atemwege: frei ☐ verlegt ☐	Datum

Atmung:

Frequenz	/min	(normal: < 40/min)
Atemmuster	costo-abdominal ☐	vermehrt abdominal ☐
Atemarbeit	normal ☐	angestrengt ☐

Kreislauf:

Schleimhautfarbe		(normal = rosa, blassrosa/Abweichungen: rot, blass, blau, gelb)		
KFZ		(normal: 1–2 sec, Abweichungen > 2 sec/< 1 sec)		
Herzfrequenz	/min	(Normwerte: Katze 160–220/min, kleiner Hund 80–120/min, großer Hund 60–100/min)		
Pulsqualität	kräftig ☐	pochend ☐	schwach ☐	arrhythmisch ☐
Gliedmaßen	warm ☐	kalt ☐		

Neurologische Beeinträchtigungen:

Bewusstsein	aufmerksam ☐	somnolent ☐	nicht ansprechbar ☐
Krämpfe	nein ☐	fokal ☐	generalisiert ☐
Lähmungen			

Urogenitaltrakt:

Blasenpalpation	klein ☐	groß ☐	schmerzhaft ☐
kann Urin absetzen	ja ☐		nein ☐
Sonstiges		(Priapismus, Wehen, Blutungen, etc.)	

Exposition: Hitze ☐ Kälte ☐ Toxine ☐ (Welches?)

Schmerzen: nein ☐ ggr. ☐ mgr. ☐ hgr. ☐

Triage-Uhrzeit: ____________

erneute Triage in ____________ h

Abb. 2-20 Formular zur Erstuntersuchung (Triage Sheet)

Interpretation: Die Befunde der Triage müssen erfasst und interpretiert werden. Dazu sind verschiedene Schemata verbreitet. Einige Kliniken verwenden nummerische Schemata, andere Farbschemata (▶ Tab. 2-7). Der Autor verwendet vor allem das Farbschema, wobei die Patienten nach den Farben Grün, Gelb, Rot, Blau und Schwarz klassifiziert werden.

Tab. 2-7 Schema für die Einordnung der Befunde aus der Triage

Farbschema	Nummerisches Schema	Befunde	Interpretation
grün	Triage 4	keine Abweichungen in der Triage	Der Patient ist stabil. (Bsp.: Tiere mit einfachem Husten oder chronischem Durchfall)
gelb	Triage 3	keine aktuell lebensbedrohlichen Auffälligkeiten in der Triage; kann sich in den nächsten Stunden verschlechtern	Der Patient ist stabil kompensiert. (Bsp.: Tiere mit Tachykardie, Polypnoe, schwerem Durchfall, Tiere, die nach Unfällen Schmerzen und eine Tachykardie aufweisen)
rot	Triage 2	Hinweise auf einen Schock, Blutungen, weiße Schleimhäute, Tiere in der Geburt etc.	Der Patient ist dekompensiert und kann innerhalb weniger Stunden versterben.
blau	Triage 1	Krampf, schwere Dyspnoe, Schock mit Seitenlage etc.	Der Patient befindet sich in einem akut lebensbedrohlichen Zustand und kann sofort versterben.
schwarz	Triage 0	Tiere in Agonie oder ohne intakte Vitalparameter	Der Patient muss sofort reanimiert werden.

Insbesondere bei längeren Wartezeiten sollten die Patienten regelmäßig, im optimalen Fall stündlich „re-triagiert“ werden. Auch diese Befunde müssen gut dokumentiert werden.

Zum einen wird die Triage genutzt, um die Dringlichkeit, wie oben genannt, zu bestimmen.

Reihenfolge für die Behandlung von Notfällen

Im Falle mehrerer gleichzeitig auftretender Notfälle sollte folgende Reihenfolge gelten:

blau → rot → schwarz → gelb → grün

Der blaue Patient wird also allen anderen vorgezogen. Der schwarze Patient wird erst nach Stabilisierung der anderen schwer erkrankten Tiere betreut.

Neben der Reihenfolge kann die Triage auch eine Orientierung für die notwendigen Notfallmaßnahmen geben. Generell sollte jedes in der Triage auffällige Symptom zügig therapiert werden. Bei grünen und gelben Patienten kann meist eine reguläre Fallaufarbeitung mit kompletter klinischer Untersuchung vor weiteren Maßnahmen erfolgen.

Patienten mit Triage Rot und Blau profitieren von einer Sauerstoffgabe. Oft kann gleich ein Venenkatheter gelegt werden, sodass Basislaboruntersuchungen eingeleitet und Notfallmedikamente intravenös verabreicht werden können. Genauso kann hier eine bildgebende Diagnostik in Form von Röntgen oder einem „*Point of Care*“-Ultraschall (A-FAST, T-FAST, ▶ Kap. 2.2.5) sinnvoll sein. Je nach Abweichung ist auch über eine Blutdruckmessung oder ein EKG nachzudenken.

Für Triage-Blau-Patienten sollten alle Materialien und das notwendige Personal für eine eventuelle Reanimation bereitgestellt werden.

Neben den fachlichen Vorgängen kann die Triage auch als Orientierung für die maximale Wartezeit benutzt werden. Patienten der Triage Grün können im hochfrequentierten Notdienst einen Termin zur Abklärung z. B. am nächsten Tag erhalten. Gelbe Patienten sollten nicht länger als 120 min warten bzw. in diesem Zeitraum re-evaluiert werden. Rote Patienten sollten nach maximal 60 min einer Erstbehandlung unterzogen werden. Blau triagierte Tiere sollten unmittelbar bis innerhalb von 15 min optimal betreut werden.

Die TFA kann sowohl die Triage als auch die Koordination zwischen TFAs und TÄ übernehmen. Gelegentlich sind mehrere Patienten derselben Triage-Farbe vorhanden. Hier kann die TFA oder der TA die Reihung nach Schweregrad vornehmen. In großen internationalen Kliniken obliegt die Einteilung der Patientenreihenfolge oft der TFA.

BEACHTE

Mit der Triage werden innerhalb einer Minute mit kurzer Anamnese und klinischer Untersuchung nach dem ABCDE-Schema die wichtigsten, lebensbedrohlichen Abweichungen des Notfallpatienten ermittelt.

2.7 Koordination der Notfälle

Insbesondere bei kritischen Notfallpatienten ist schnelles Handeln nötig. Die in der Erstuntersuchung erhobenen Befunde müssen schnell und adäquat beurteilt werden. Um eine zügige Diagnostik und Therapie nach der Triage zu ermöglichen, gibt es mehrere Konzepte. Die Umsetzung obliegt einigen rechtlichen und auch praxisstrukturellen Gegebenheiten.

Das klassische, problemorientierte Konzept geht davon aus, dass der TA den Patienten direkt betreut und alle notwendigen Maßnahmen, die aufgrund der Symptomatik des Patienten notwendig sind, nach Absprache mit dem Besitzer anordnet. Hierbei steht die Kommunikation mit dem Besitzer im Vordergrund und alle Maßnahmen werden abgesprochen. Die TFA führt die Notfallmaßnahmen dann entweder nach Absprache mit dem TA eigenständig oder zusammen mit dem TA durch. Dieses Konzept bringt das Problem der Koordination des TA mit sich. Falls dieser gerade mit einem anderen Fall beschäftigt ist oder im OP steht, kann es sein, dass eine lange Zeit vergeht, bis der Notfallpatient seine lebenswichtige Notfalltherapie erhält. Hingegen hat dieses Konzept den Vorteil, dass alle Maßnahmen rechtlich durch den TA abgesichert werden und dieser die Maßnahmen sowie deren Finanzierung mit dem Besitzer bespricht.

Eine zweite Möglichkeit, die praxisintern durchgeführt werden kann, ist die unmittelbare Einleitung der lebensnotwendigen Therapie und Notfalldiagnostik ohne vorherige Besitzerkommunikation durch den TA. Dies beinhaltet das Legen eines Venenzugangs, die Schocktherapie, eine Sauerstofftherapie, ein EKG, Basislaboruntersuchungen und bildgebende Diagnostik. Ebenso können invasive Maßnahmen wie Venotomie, Thorakozentese oder Punktionen von Abdomen oder Blase nötig sein. Hierbei führt die TFA je nach Zustand des Patienten eigenständig im Vorhinein vereinbarte Untersuchungen durch und übermittelt die Ergebnisse an den TA. Vorteil dieser Methode ist, dass keine Zeitverzögerungen lebensrettender Maßnahmen entstehen und die Befunde zügig zur Besprechung durch den TA vorliegen. Mit deren Hilfe kann der TA schnell Aussagen zu Prognose und Therapie der Erkrankung mit dem Besitzer kommunizieren. Allerdings beinhaltet dieses Konzept das Risiko, dass vom Besitzer nicht gewünschte diagnostische Maßnahmen durchgeführt werden. Zudem sind oft die finanziellen Belange nicht abgesprochen. Dieses Vorgehen kann zu einem erhöhten Beschwerde-Aufkommen führen, obwohl es schlussendlich zur zügigen Initialisierung der Notfalltherapie optimaler erscheint als die zuvor genannte Variante. Dennoch sollte bei Verwendung dieses Konzepts versucht werden, Standardnotfallmaßnahmen schriftlich in Form von SOPs zu erfassen, sodass sich die TFA danach richten kann. Die rechtliche Verantwortung liegt weiterhin beim TA. Daher sollten alle Eventualitäten im Vorhinein festgelegt und nach diesen Standards gearbeitet werden. Selbstverständlich sollte auch bei diesem Konzept schnellstmöglich Rücksprache mit dem TA getroffen werden.

PRAXISTIPP
Die Notfalltherapie erfolgt je nach Praxis komplett nach Rücksprache mit dem Tierarzt oder nach vorher festgelegten Standardprotokollen. Die TFA kann sich insbesondere in das zuletzt beschriebene Schema intensiv einbringen und den Unterschied zwischen Leben und Tod des Patienten ausmachen.

2.8 Kontrollmechanismen, Feedbackmöglichkeiten, Besprechungen

Die Abläufe, aber auch Ausstattungen im Notdienst benötigen eine permanente Evaluierung und Beurteilung auf Funktionalität und Praxistauglichkeit. Es ist sinnvoll, dass eine TFA die Koordination der Notfallausstattung und gegebenenfalls der Neuanschaffungen übernimmt. Natürlich müssen Veränderungen in Ausstattung, bei Medikamenten und Abläufen mit allen Beteiligten kommuniziert werden, um diese erfolgreich zu implementieren.

Regelmäßige Besprechungen nach schwierigen Fällen und kritischen Situationen helfen, das Vorgehen und die Koordination zu verbessern. Diese Besprechungen sollten möglichst konstruktiv verlaufen und das Ziel haben, die aktuellen Abläufe und Strukturen zu standardisieren.

2.9 Übungen

Von besonderer Wichtigkeit für das Gelingen von Eingriffen im Notfall ist das permanente Üben. Für die Wiederbelebung wurde nachgewiesen, dass eine **zwei- bis viermal jährliche Übung am Modell** und die nachfolgende Besprechung die Erfolgschancen im Fall einer wirklichen Wiederbelebung deutlich erhöht. Aber auch andere Eingriffe, wie das Legen von Sauerstoffsonden oder Thoraxdrainagen sowie Thorakozentesen, sollten vor allem am Anfang der Karriere geübt werden. Eine verantwortliche TFA kann und sollte die Koordination dieser Übungen mit allen Beteiligten übernehmen. Fehlerquellen und Verbesserungsvorschläge, die während solcher Übungen auftauchen, müssen besprochen und in den Praxisalltag implementiert werden. Auch hier kann die TFA bei der Koordination dieser Prozesse behilflich sein.

2.10 Werbemaßnahmen

Für einen erfolgreichen Notdienst ist es auch wichtig, dass die Patientenbesitzer über den Notdienst in der Praxis oder Klinik informiert sind. Dazu wird klassischerweise die Notdienstankündigung in den Tageszeitungen verwendet.

Im multimedialen Zeitalter ist es sinnvoll, dafür auch Homepage und soziale Medien zu nutzen. Auf der **Homepage** sollte der Notdienst mit Telefonnummer und ggf. weiteren Kontaktdaten gut sichtbar am besten auf der Startseite angegeben werden. Gleichzeitig kann hierbei über Regelungen wie die Triagierung der Patienten und ggf. Zahlungsmodalitäten informiert werden. Regional gibt es auch offizielle Webseiten des rotierenden Notdienstes, in denen entsprechende Einträge hinterlassen werden können. Zudem ist es vorteilhaft, die überweisenden Kollegen über den Notdienst zu informieren und darum zu bitten, dass diese den Notdienst auf Ihren Anrufbeantwortern bzw. Webseiten mit aufnehmen.

Immer mehr Praxen haben einen Auftritt in den einschlägigen **sozialen Medien**. Dieser kann zusätzlich helfen, den Notdienst zu bewerben. Allerdings benötigt dies viel Betreuungsaufwand. Auch unzufriedene Kunden werden dort nicht immer positive Kommentare hinterlassen. Falls diese Option gewählt wird, muss eine Person zur Betreuung dieser Seiten bestimmt werden und die Seite täglich gepflegt werden. Diese kurzlebigen Medien und auch die Webseite können zudem genutzt werden, um Aufrufe z. B. zur Blutspende zu platzieren oder interessante, positiv verlaufene Fälle zu präsentieren. Dabei müssen selbstverständlich die Datenschutzrichtlinien beachtet werden.

3 Notfallsymptome

Im nachfolgenden Abschnitt werden einige häufige Notfallszenarien besprochen. Dabei wird unter anderem Wert auf die Notfalldiagnostik und Notfalltherapie gelegt. Auch wenn die TFA einige dieser Maßnahmen nur selten selbst durchführt, ist es essenziell zu wissen, was wann und warum gemacht wird, um dem Tierarzt hilfreich zur Hand gehen zu können.

3.1 Atemnot (Dyspnoe)

Als Atemnot oder Dyspnoe werden alle Zustände bezeichnet, die mit Lufthunger, also erschwerter Sauerstoffaufnahme, einhergehen. Diese Zustände sind meist akut lebensbedrohlich. Mit den richtigen Maßnahmen kann die Situation der Patienten verbessert, allerdings auch mit den falschen Maßnahmen deutlich verschlechtert werden. Daher ist die Atemnot eine der gefährlichsten, aber oft auch dankbarsten Notfallsituationen.

3.1.1 Diagnostik

Triage

In der Triage wird vor allem auf die Atemwege und die Atmung geachtet. Dies beginnt beim Betreten des Raumes. Bereits dabei wird auf von Weitem hörbare Atemgeräusche aus den oberen Atemwegen, den sogenannten Stridor, geachtet. Falls ein Stridor vorhanden ist, kann man durch leichte Palpation des Larynx bzw. der oberen Halsgegend herausfinden, ob dort massive Verlegungen vorhanden sind. Wenn Fremdmaterial vermutet wird, kann auch versucht werden, ins Maul hineinzusehen und ggf. das Material gleich zu entfernen. Dabei ist darauf zu achten, dass der Patient durch die Manipulation wenig Stress erfährt. Zudem ist ein Tier in Stress und Panik wenig berechenbar, und das Risiko, von der Katze oder dem Hund gebissen zu werden, ist deutlich erhöht.

Des Weiteren wird auf die Atmung selbst geachtet. Dazu werden initial **Atemfrequenz und Atemarbeit** ermittelt. Dies sollte zur Vermeidung von Stress möglichst ruhig und koordiniert erfolgen. Bei Katzen beispielsweise kann das noch im Transportkorb durchgeführt werden, wenn dieser von oben zu öffnen ist.

PRAXISTIPP

Bei Atemnot mit dem Patienten mitzuatmen hilft, den Schweregrad einzuschätzen.

Die **Auskultation** erfolgt mit dem Stethoskop über mehreren Arealen der Lunge – mindestens oben, unten, vorn und hinten auf jeder Seite. Je größer das Tier, desto größer sollte die auskultierte Fläche sein. Zudem sollte auch das **Herz** als mögliche Ursache der Atemnot auskultiert und beurteilt werden. In der Auskultation verschärfte Atemgeräusche sprechen für Erkrankungen des Lungenparenchyms. Gelegentlich sind kaum

Atemgeräusche oder auch kaum Herztöne zu hören. Dies liegt meist an Gewebe, Flüssigkeit oder Luft zwischen Stethoskop und Lunge, also meist an einer Pleuralspalt-Erkrankung. Nachfolgend sollte zumindest bei Verdacht auf eine Pleuralspalt-Erkrankung eine Finger-Finger-Perkussion des Thorax erfolgen. Hier spricht ein tympanischer Perkussionsschall für das Vorhandensein von Luft im Pleuralspalt, ein dumpfer Perkussionsschall für Flüssigkeit oder Gewebe.

BEACHTE

Die Schleimhautfarbe sollte zur Beurteilung des Schweregrades der Atemnot eher *nicht* herangezogen werden. Die Schleimhäute werden erst bei einer Sauerstoffsättigung unter 70 % zyanotisch. In diesem Bereich hat jeder Patient eine massive Atemnot. **Das Nichtvorhandensein einer Zyanose** schließt demnach eine lebensbedrohliche Atemnot *nicht* aus. Bei einem niedrigen Hämatokrit kann es aufgrund des fehlenden Hämoglobins nicht zur Zyanose kommen – auch wenn der Patient bereits verstorben ist.

Lokalisation der Atemnot

Bevor weitere Diagnostik durchgeführt wird, muss der Patient zunächst stabilisiert werden (▶ Kap. 3.1.2). Die Lokalisation der Atemnot stellt einen weiteren wichtigen Schritt in der Betreuung des Patienten dar. Dazu dient vor allem die klinische Untersuchung wie bereits in der Triage angesprochen und im Flussdiagramm dargestellt (▶ Abb. 3-1).

Das Schema auf der nächsten Seite zur Vorgehensweise bei einem Patienten mit Atemnot finden Sie auch zum Download auf tfa-wissen.de unter:
svg.to/atemnot_schema

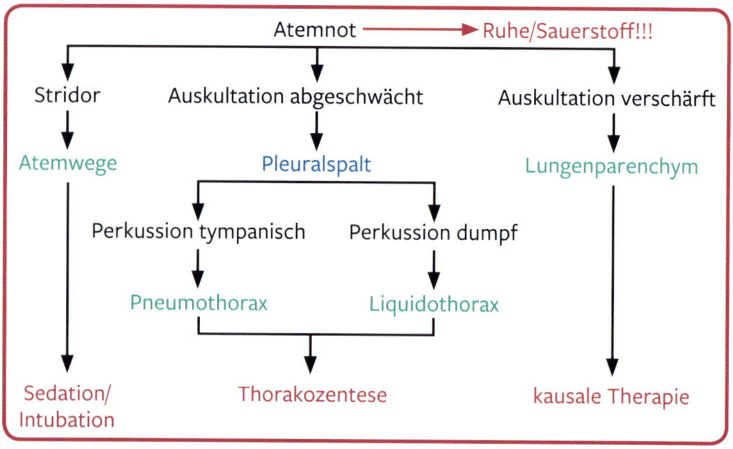

Abb. 3-1 Schema zur Vorgehensweise bei einem Patienten mit Atemnot

PRAXISTIPP

Nach der Stabilisierung des Atemnotpatienten wird nach der Lokalisation der Atemnot gesucht und der Patient entsprechend der Lokalisation gezielt therapiert.

Weitere Möglichkeiten, die Ursache der Atemnot herauszufinden, sind neben der Bildgebung auch labordiagnostische Methoden.

Röntgen

Diese Untersuchungsmethode ist in vielen Praxen etabliert, allerdings mit erhöhtem Stress sowie Strahlenbelastung verbunden. Das Röntgen gibt einen guten Überblick über die Lunge, wenn der Patient optimal gelagert ist. Leider ist dies bei Atemnotpatienten oft nicht möglich, sodass nur suboptimale Bilder entstehen.

Ultraschall

Eine Alternative stellt der Ultraschall des Thorax und der Lunge dar. Der Notfallultraschall ermöglicht die Darstellung freier Flüssigkeit und von Flüssigkeitsansammlungen im Gewebe. Zur Durchführung des Notfallultraschalls („*Point of Care*"-Ultraschall) ist wenig Spezialerfahrung nötig. Somit kann dieser auch durch eine TFA durchgeführt und erste Befunde erhoben werden. Es wird auch kein High-End-Ultraschallgerät benötigt – ein einfaches Gerät mit Mikrokonvexschallkopf ist ausreichend. Es kann auch jeder andere Schallkopf verwendet werden. Dies vermindert allerdings oft die Ankopplung, da der Mikrokonvexschallkopf am besten in die Interkostalräume passt. Das Tier befindet sich bei der Untersuchung z. B. in Brust-Bauch-Lage oder auch Seitenlage. Der Thorax wird ohne Scheren an 5 bzw. 8 Punkten angeschallt.

Das **FAST-Schema** (Focussed Assessment with Sonography in Trauma) kommt aus der Traumatologie und hat den **Nachweis von Flüssigkeit** zum Ziel. Am Thorax wird beidseits im Bereichs des 9. Interkostalraums dorsal, der Bereich des Herzens und ventral am Xiphoid durch die Leber hindurch angeschallt. Im Bereich des Herzens wird vor allem auf einen möglichen Perikarderguss, ggf. die Vorhofgröße und die subjektive Kontraktilität des Herzens geachtet, an den anderen Punkten vor allem auf freie Flüssigkeit (▶ Kap. 2.2.5).

Das **VetBLUE-Schema** (Veterinary Bedside Lung Ultrasound) ermöglicht die **Beurteilung der Pleura und des Pleura-nahen Lungengewebes** innerhalb einer Minute und wird auch als „optisches Stethoskop" bezeichnet. Es werden folgende Punkte angeschallt: der neunte Interkostalraum dorsal, die Herzbasis, der mittlere und kraniale Lungenlappen (▶ Abb. 3-2).

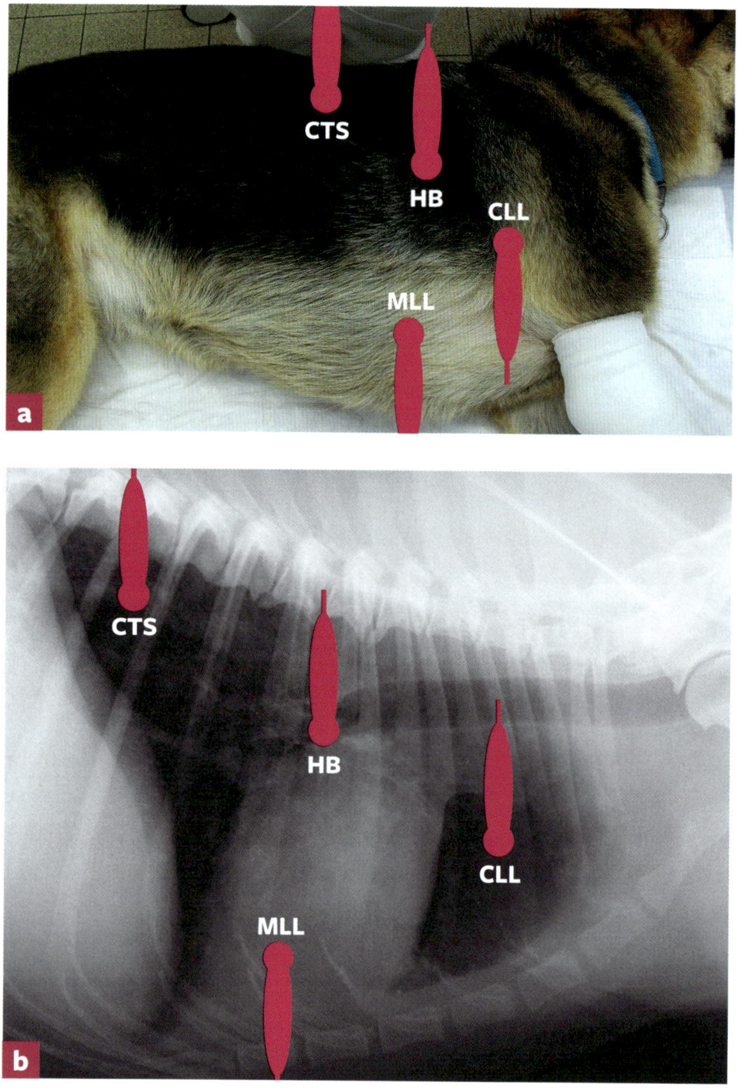

Abb. 3-2 Schematische Ansatzstellen des Schallkopfes zur „Veterinary Bedside Lung Ultrasound Examination" (**VetBLUE**).
a am Beispiel eines Hundes, **b** am Beispiel eines Röntgenbildes
CTS = chest tube site (kaudaler Lungenlappen), **HB** = Herzbasis, **MLL** = mittlerer Lungenlappen, **CLL** = kranialer Lungenlappen

Die physiologische Lunge stellt sich mit Wiederholungsechos hinter der Pleura, den sogenannten A-Linien, dar (▶Abb. 3-3). Mit der Atmung bewegt sich die Pleura (glide sign). Freie Flüssigkeit stellt sich als schwarze Region dar (▶Abb. 3-4); ein Lungenödem mit diffuser Flüssigkeitseinlagerung lässt das Lungengewebe mit Kometenschweif-Artefakten bzw. komplett grau erscheinen (▶Abb. 3-5). Bei Blutungen und Pneumonien befinden sich lokale Flüssigkeitseinlagerungen im Lungengewebe (▶Abb. 3-6).

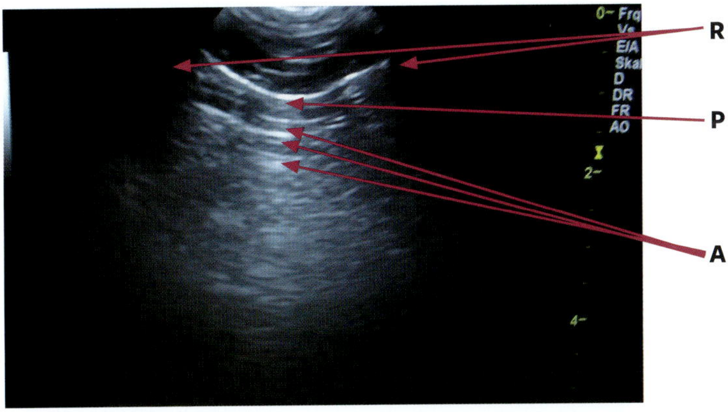

Abb. 3-3 Ultraschallbild einer normalen Lunge. **A** = A-Linien, **P** = Pleura, **R** = Schallschatten der Rippe

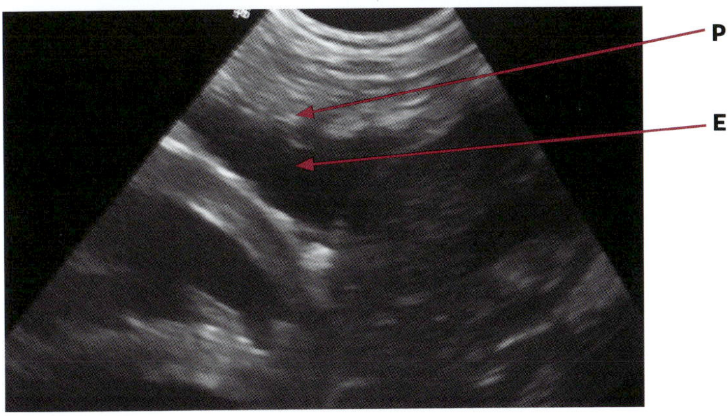

Abb. 3-4 Ultraschallbild einer Lunge mit Thoraxerguss. **P** = Pleura, **E** = Erguss

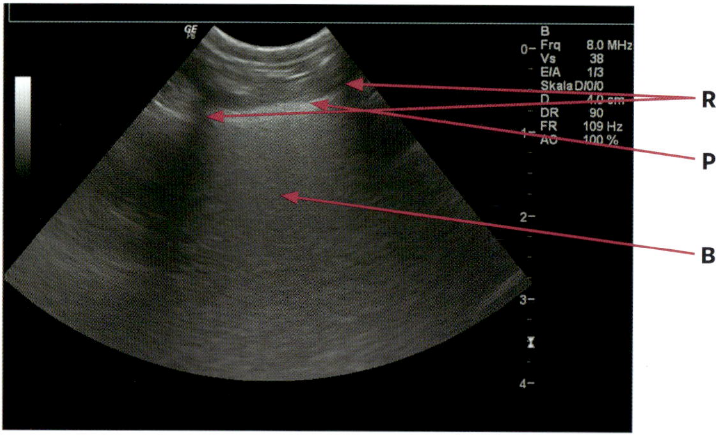

Abb. 3-5 Ultraschallbild einer Lunge mit Lungenödem. **B** = B-Linien oder Kometenschweif-Artefakte, **P** = Pleura, **R** = Schallschatten der Rippe

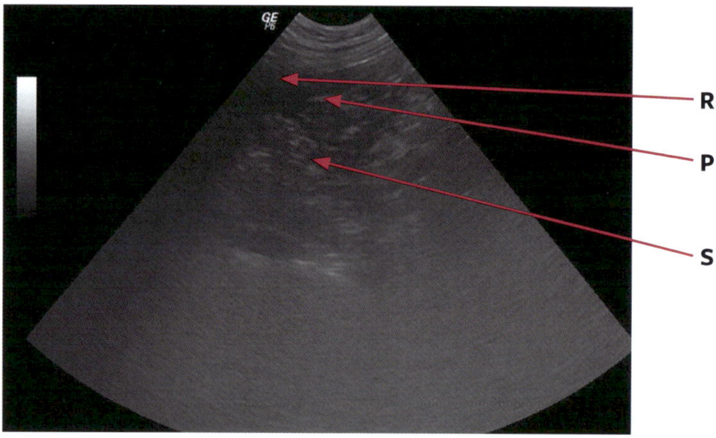

Abb. 3-6 Ultraschallbild einer Lunge mit Pneumonie. **P** = Pleura, **R** = Schallschatten der Rippen, **S** = Shred sign = lokale Flüssigkeitseinlagerung im Lungengewebe

Videoaufnahmen von Ultraschalluntersuchungen einer gesunden und von pathologisch veränderten Lungen finden Sie auf tfa-wissen.de unter:

svg.to/lunge_normal

svg.to/lunge_erguss

svg.to/lunge_oedem

svg.to/lunge_tissue_sign
Dieses Video zeigt konsolidiertes, also verfestigtes Lungengewebe. Der Schall durchdringt das Gewebe, sodass dieses wie Lebergewebe erscheint.

svg.to/lunge_pneumonie
In diesem Video wird die Lunge eines Hundes mit Pneumonie gezeigt. Pleura-nah sind konfluierende, also zusammenfließende dunkle Herde zu erkennen. Das gesamte Lungengewebe erscheint zudem grau.

PRAXISTIPP
Insbesondere bei Atemnot bringen *„Point of care"*-Ultraschalluntersuchungen hilfreiche Informationen bei minimalem Stress für die Patienten.

Labordiagnostik
Insbesondere bei Katzen wurde in den letzten Jahren der **nt-BNP-Schnelltest** zur Beurteilung von Herzerkrankungen eingeführt (▶ Abb. 3-7). BNP ist ein Hormon, welches von gedehnten Herzmuskelzellen ausge-

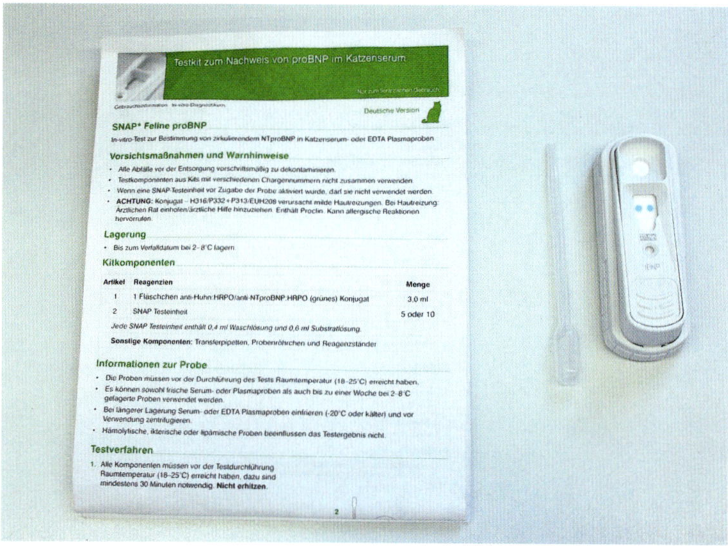

Abb. 3-7 nt-BNP-Test zur Differenzierung kardiogener von nicht-kardiogener Atemnot

schüttet wird und die Differenzierung von kardiodogener und nicht-kardiogener Dyspnoe ermöglicht. Als Testmedium kann Blut, aber auch Flüssigkeit aus einem Thoraxerguss verwendet werden.

Weitere hilfreiche Laborparameter bei Atemnotpatienten sind ein **Blutbild** mit Differenzierung der Leukozyten und der **Hämatokrit (Hkt)**. Hiermit können Pneumonien und schwere Anämien erkannt werden. Die Parameter **Albumin** und **TP** geben Auskunft über den kolloidalen Druck. Bei zu geringem Albumin kann es zur Ödematisierung der Lunge und zu einem Thoraxerguss kommen. Das **C-reaktive Protein** (CRP) ist bei Pneumonien deutlich höher als bei einer Dyspnoe infolge anderer Ursachen. Mittels **Blutgasanalyse** kann der CO_2-Partialdruck bestimmt und somit können ggf. Hinweise auf die Ursache der Atemnot gezogen werden. Einige Blutgasgeräte können **Methämoglobin** und **Carboxyhämoglobin** messen und damit Hinweise auf die Ursache der Atemnot geben, wenn sie nicht im Bereich der Lunge liegt (sogenannte Respiratory Lookalikes).

Die Flüssigkeit eines Thoraxergusses sollte ebenfalls labordiagnostisch untersucht werden. Dazu zählen die Zellzahlbestimmung, eine mikroskopische Untersuchung der Zellen und die Bestimmung des Proteingehaltes. Des Weiteren kann die Bestimmung des Gehaltes an Triglyceriden und Cholesterin im Vergleich zum Blut einen Chylothorax diagnostizieren.

3.1.2 Therapie

Stabilisierung

Noch bevor eine eingehende Diagnostik mit der Lokalisierung der Atemnot erfolgt, muss eine Stabilisierung des Atemnotpatienten stattfinden. Sie hat zum Ziel, den Sauerstoffverbrauch durch Stressreduktion zu senken und den Patienten mit mehr O_2 zu versorgen.

Stressreduktion

Da Stress den Sauerstoffverbrauch steigert, müssen alle möglichen und nötigen Maßnahmen zur Stressreduktion ergriffen werden. Tiere in Atemnot befinden sich sowieso kurz vor der Dekompensation. Wenn nun durch Stress oder andere Gründe das Sauerstoffangebot noch weiter sinkt und durch Muskelaktivität wie Abwehrbewegungen der Sauerstoffverbrauch steigt, kommt es sehr schnell zum Versterben des betroffenen Patienten. Um den Stress gering zu halten, sollte auf Maßnahmen, die mit einer stärkeren Fixierung des Patienten verbunden sind, verzichtet werden. Dazu zählt das Legen eines Venenkatheters sowie Blutentnahmen. Natürlich muss im Einzelfall entschieden werden, ob der Patient den Stress der Manipulation verkraftet. Eine weitere Maßnahme, die mit Bedacht durchgeführt werden sollte, ist das Röntgen. Auch die Lagerung in Seitenlage oder sogar in Rückenlage bedeutet für viele Patienten Stress und erhöht den Sauerstoffverbrauch. Auch hier müssen Risiko und potenzieller Nutzen in Betracht gezogen werden. Es sollte hinterfragt werden, ob die Information, die das Röntgenbild bringt, nicht auch mit anderen Maßnahmen erlangt werden kann.

PRAXISTIPP

Generell sollte der Atemnotpatient eher nicht zu forsch, sondern ruhig aber bestimmt behandelt werden. Im Zweifelsfall gilt: „Bei Atemnot selbst einmal kurz durchatmen"!

Sauerstoff

Zur Stabilisierung muss dem Patienten Sauerstoff angeboten werden. Hierzu gibt es eine Reihe verschiedener Techniken und Möglichkeiten.

Flow-By Die einfachste Möglichkeit des Sauerstoffsupports ist die Flow-by-Gabe. Dazu wird ein Schlauch, aus dem O_2 kommt, dicht vor die Nase des Patienten gehalten. Dies erhöht den Sauerstoffgehalt in der eingeatmeten Luft von 21 auf ca. 30 %. Leider tolerieren vor allem Katzen den meist recht starken Sauerstofffluss nur schlecht und drehen den Kopf aus dem Fluss. Hier kann es helfen, mit einem breiteren Schlauch zu arbeiten, um den Luftzug gering zu halten. Alternativ kann mithilfe von Frischhaltefolie ein Sauerstoffkragen gebastelt werden, in den ein Sauerstoffschlauch eingeklebt wird (▶ Abb. 3-8).

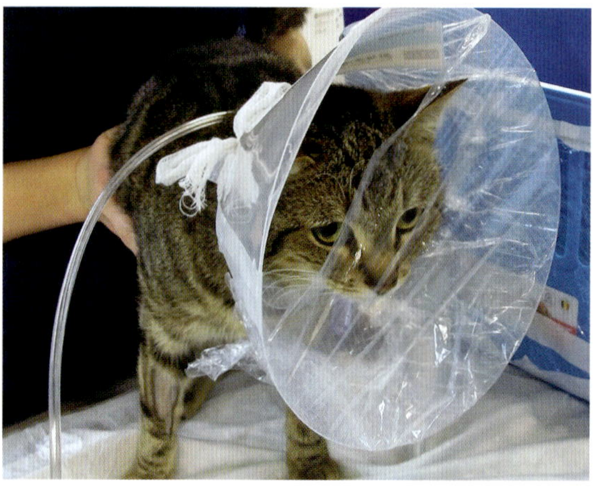

Abb. 3-8 Katze mit einem aus Frischhaltefolie selbstgebauten Sauerstoffkragen

Maske Mit einer Sauerstoffmaske wird in der eingeatmeten Luft eine Sauerstoffkonzentration von 30–60 % erreicht. Die Maske sollte transparent sein (um den Patienten nicht durch den dunklen „Topf“ zu irritieren) und die Nase bzw. der Kopf tief in der Maske sitzen, um die Verluste geringer zu halten und somit genügend O_2 zur Verfügung zu stellen. Der Sauerstofffluss wird auf 100–400 ml/kg KGW gestellt. Damit wird auch überschüssige Wärme und CO_2 aus der Maske herausgespült. Auch die Masken können Stress für die Tiere bedeuten. Daher muss im Einzelfall entschieden werden, ob die Maske die optimale Option ist oder ob andere Methoden der Sauerstoffzufuhr gewählt werden müssen. Um Personal zu sparen, kann die Maske bei Tieren, die ruhig sind und die Maske tolerieren, auch mit einem Gummiband oder Klebeband hinter dem Kopf fixiert werden (▶ Abb. 3-9).

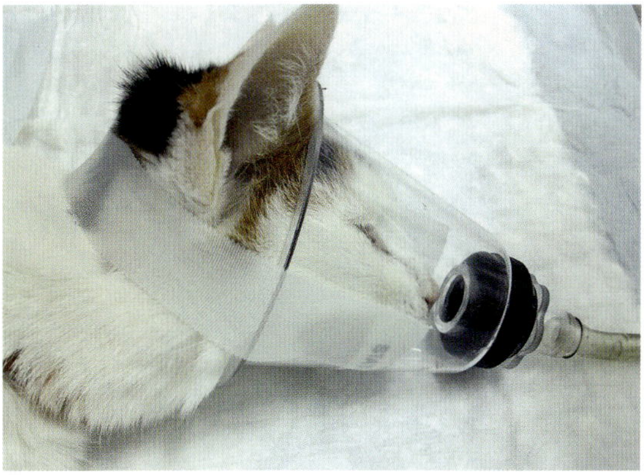

Abb. 3-9 Katze mit Sauerstoffmaske für die Sauerstoffapplikation, diese ist am Hinterkopf mit Klebeband befestigt.

Sonde Eine Alternative stellt die Sauerstoffsonde dar, die in den ventralen Nasengang gelegt wird. Zwar ist das Legen auch ein kurzer Stressfaktor von ca. einer Minute, allerdings wird danach eine stressarme Sauerstoffgabe gewährleistet. Hierzu wird etwas Lidocain-Gel in den Nasenvorhof und auf eine sterile Sonde gegeben. Nun wird die Sondenlänge von der Nasenspitze bis hinter den lateralen Augenwinkel abgemessen und markiert und dann die Sonde in ventromedialer Richtung in die Nase hineingeschoben. Dabei sollte kein starker Widerstand vorhanden sein. Ist der Widerstand zu stark, ist man im falschen Nasengang und sollte die Sonde korrigieren. Nachfolgend wird die Sonde an der Haut angenäht oder angeklebt (▶Abb. 3-10).

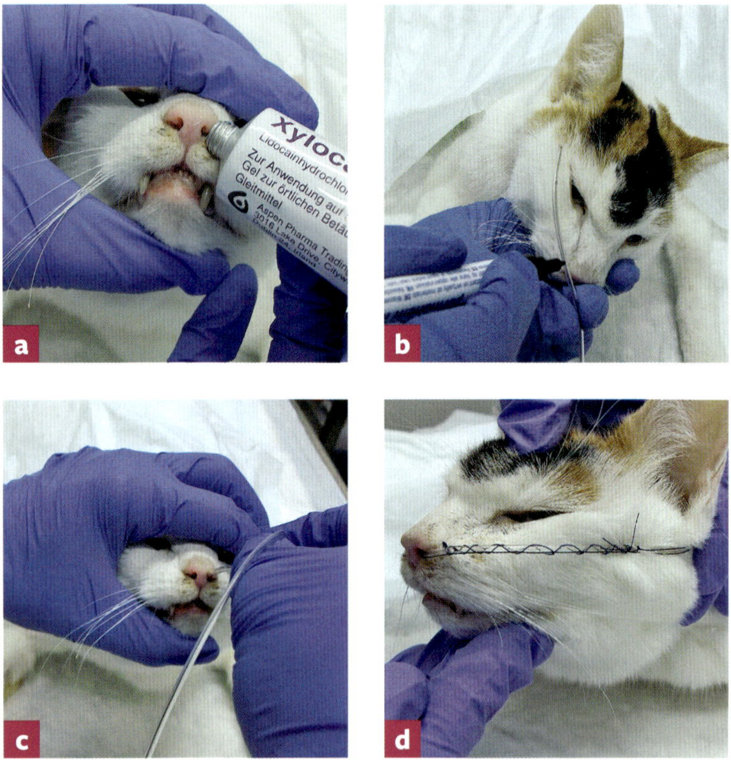

Abb. 3-10 Legen einer Nasensonde bei einer Katze
a Einbringen von Lidocain-Gleitgel in den Nasenvorhof
b Abmessen der Nasensonde bis zum lateralen Augenwinkel und Markierung der Sonde
c Vorschieben der Sonde in den ventralen Nasengang nach ventro-medial
d Annähen der Nasensonde mit „Chinese Fingertrap"-Technik

Die Schritt-für-Schritt-Anleitung zum Legen einer Nasensonde finden Sie auch zum Download auf tfa-wissen.de unter: svg.to/nasensonde

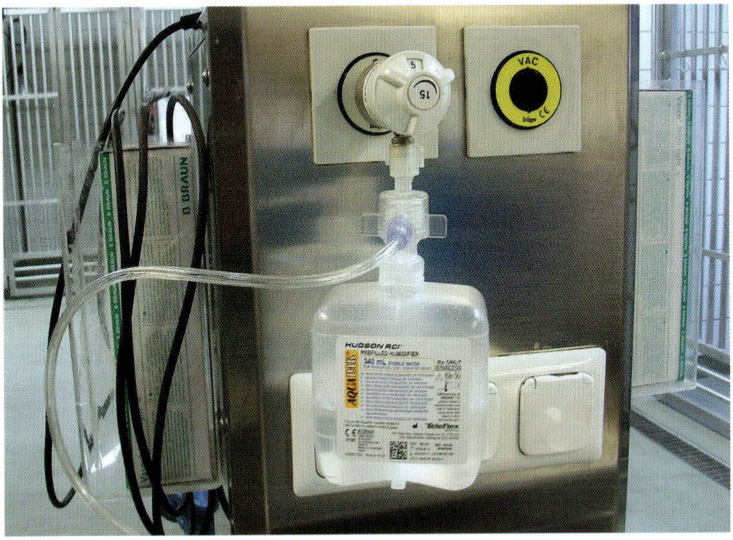

Abb. 3-11 Sauerstoff-Befeuchter mit Sauerstofffluss-Regelung

Mit einem Sauerstofffluss von 100–400 ml/kg KGW/min erreicht man eine Sauerstoffkonzentration von 30–60 %. Sauerstoff, der aus einer Sauerstoffflasche in eine Sonde geleitet wird, ist trocken und kalt. Daher sollte eine Befeuchtung vorgeschaltet werden (▸Abb. 3-11).

Trachealkanüle In Fällen, in denen der Larynx beim wachen Patienten umgangen werden muss, kann die Sauerstoffversorgung mit einer Kanüle oder einem großen Venenkatheter erfolgen. Diese werden unter Palpationskontrolle in die Trachea hinter dem Larynx eingestochen und dann manuell fixiert oder angenäht. An den Katheter kann ein Sauerstoffschlauch angeschlossen werden. Alternativ kann das Schlauchsystem vom Anästhesiegerät verwendet werden. Dieses passt an die Kanüle, wenn der Tubus-Anschluss vom 3er-Tubus als Adapter verwendet wird (▸Abb. 3-12).

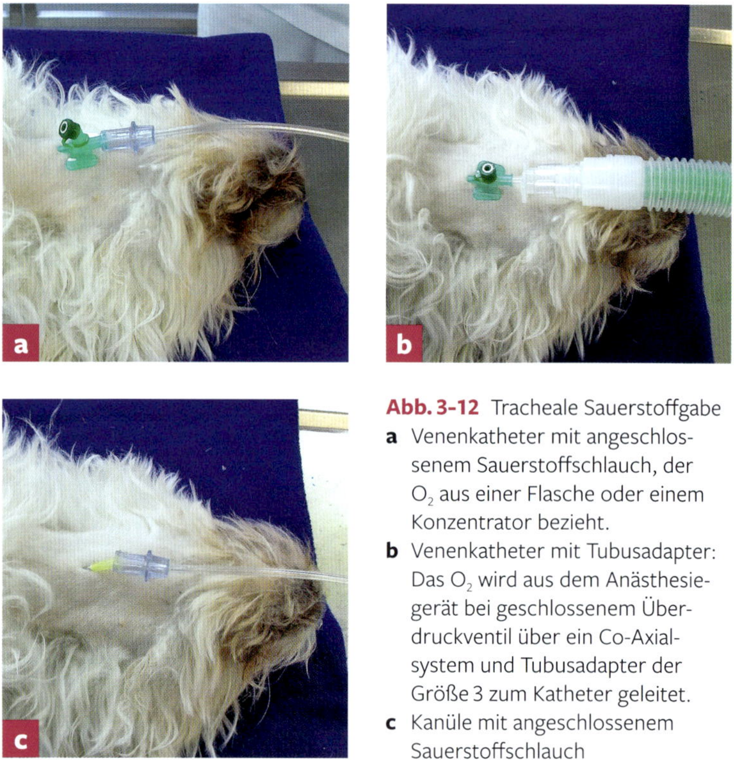

Abb. 3-12 Tracheale Sauerstoffgabe

a Venenkatheter mit angeschlossenem Sauerstoffschlauch, der O_2 aus einer Flasche oder einem Konzentrator bezieht.

b Venenkatheter mit Tubusadapter: Das O_2 wird aus dem Anästhesiegerät bei geschlossenem Überdruckventil über ein Co-Axialsystem und Tubusadapter der Größe 3 zum Katheter geleitet.

c Kanüle mit angeschlossenem Sauerstoffschlauch

Diese Technik ist nur als Übergang für einige Minuten, aber nicht zur Dauertherapie geeignet. **Zu beachten ist**, dass das Überdruckventil des Anästhesiegerätes geschlossen sein muss, um einen Druck und damit einen Sauerstofffluss in der Trachea aufzubauen.

Sauerstoffbox Eine sehr benutzerfreundliche Option ist die Sauerstoffbox. Hier sitzt der Patient in einer dicht verschlossenen Box, die mit O_2 gefüllt wird. Leider produziert der Patient auch CO_2, Wärme und Feuchtigkeit, welche sich in der Box anreichern. Somit ist die optimale Box mit O_2-, CO_2-, Temperatur- und Feuchtigkeitssensoren ausgestattet, um diese Parameter kontrollieren zu können. Leider sind diese Boxen recht kostenintensiv, sodass in der Praxis versucht wird, mit günstigeren

Alternativen zu arbeiten. Die Einfachste ist, einen Katzentransportkorb mit Frischhaltefolie zu umwickeln und O_2 mit einem Fluss von 5–10 l/min hineinzuleiten (▶ Abb. 3-13). Leider kann mit diesen und anderen einfachen Boxenkonstruktionen der O_2-Gehalt nicht bestimmt und die Feuchtigkeit und Wärme nicht abtransportiert werden. Alle Boxen haben das Problem, dass nach dem Öffnen das O_2 schnell entweicht und es mehrere Minuten dauert, bis die Box erneut damit gefüllt ist.

Die Therapie der Atemnot richtet sich im Anschluss an die Stabilisierung nach der Ursache bzw. Lokalisation der Atemnot.

Bei Erkrankungen der oberen Atemwege wird der Zustand durch Stress verstärkt. Hier ist es oft hilfreich, den Patienten etwas zu **sedieren**. Dazu eignet sich vor allem Butorphanol. Dieses ist kurz wirksam

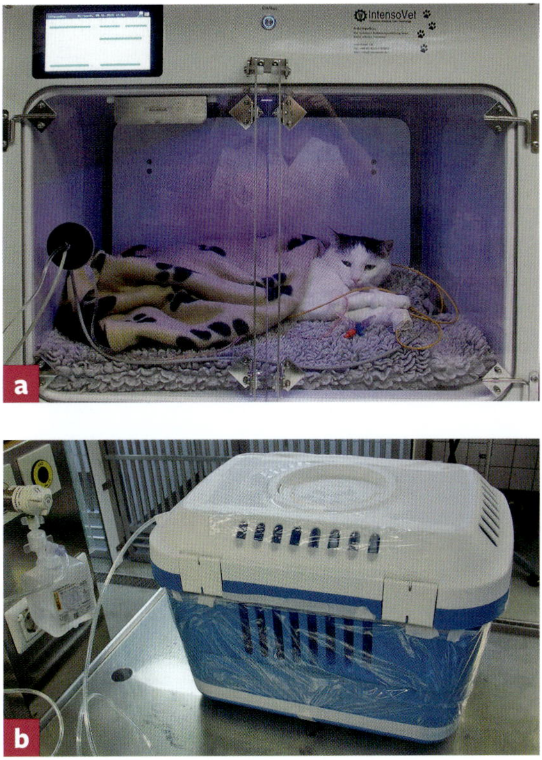

Abb. 3-13 Sauerstoffboxen
a professionelle Version mit O_2-, CO_2-, Temperatur- und Feuchtigkeitsregelung zur langfristigen Sauerstofftherapie
b provisorische Sauerstoffbox, gebaut aus einem Katzentransportkorb und Frischhaltefolie zur kurzfristigen Sauerstofftherapie

und hat kaum Einfluss auf die Tätigkeit der Atemmuskulatur. Acepromazin benötigt recht lang (ca. 30 min) bis zum Wirkungseintritt und hat eine Wirkdauer von 6–8 h. Bei Erkrankungen der Lunge und der Pleura sollte die Sedation nur nach Abwägung des Einzelfalls eingesetzt werden, da alle Sedativa die Atemarbeit derart vermindern können, dass schlussendlich weniger O_2 in den Patienten gelangt. Insbesondere bei sehr aufgeregten Katzen kann der Vorteil einer Sedation überwiegen.

Thorakozentese

Bei Pleuralspalt-Erkrankungen sollte die pathologisch im Spalt vorhandene Luft oder Flüssigkeit zügig per Thorakozentese entfernt werden. Dazu werden eine Kanüle oder bei Katzen eine Butterflykanüle, ein Schlauch, ein Dreiwegehahn und eine 20–50 ml-Spritze benötigt (▶Abb. 3-14).

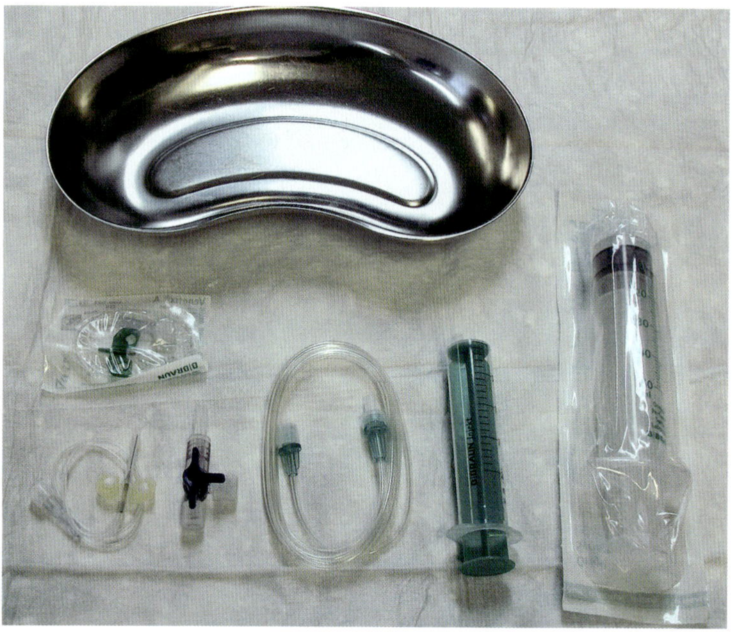

Abb. 3-14 Material für die Thorakozentese: Butterflykanüle, Verlängerung, Dreiwegehahn und Spritze

Der Thorax wird an der Punktionsstelle geschoren und desinfiziert. Es wird im 7.–9. Interkostalraum punktiert und zwar bei Flüssigkeit am Übergang vom unteren zum mittleren Thoraxdrittel, bei Luft am Übergang vom oberen zum mittleren Thoraxdrittel (▶ Abb. 3-15).

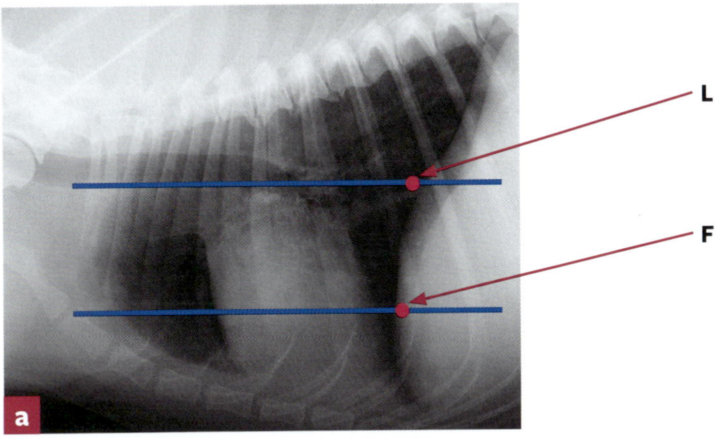

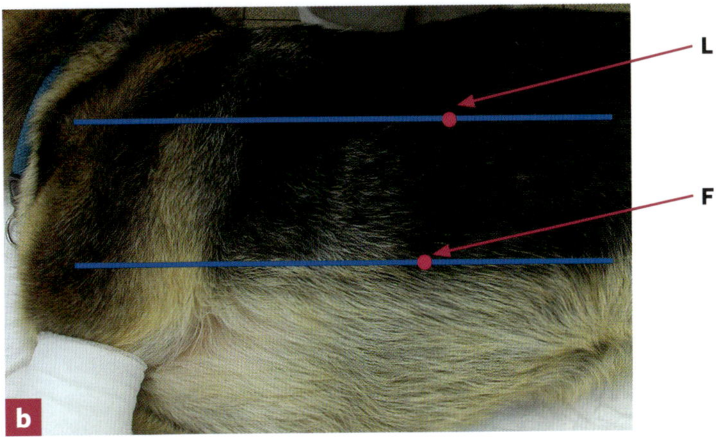

Abb. 3-15 Positionen der Thorakozentese im Bereich des 7.–9. Interkostalraums beim Hund. **a** im Röntgenbild, **b** in vivo
L = bei vermuteter Luft am Übergang vom oberen zum mittleren Drittel,
F = bei vermuteter Flüssigkeit am Übergang vom mittleren zum unteren Drittel

Nach Durchstoßen der Pleura wird die Kanüle so abgekippt, dass die Öffnung zur Lunge zeigt ▶ Abb. 3-16.

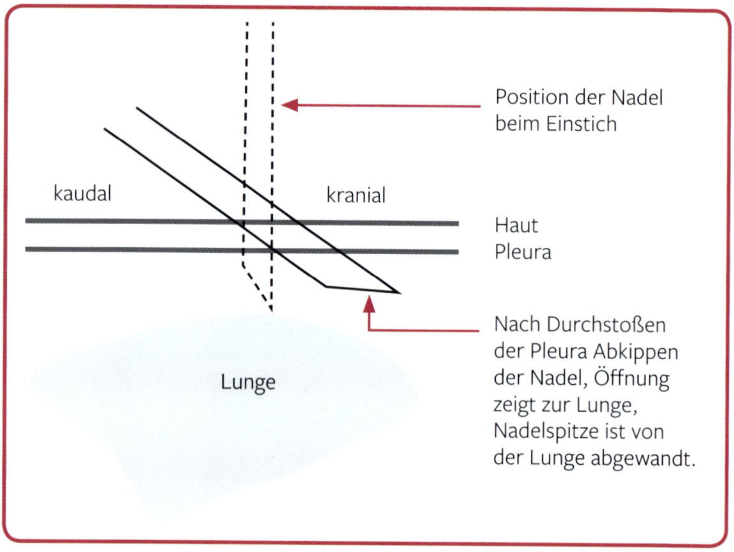

Abb. 3-16 Schema für das Ankippen der Kanüle im Anschluss an das Durchstoßen der Pleura

Anschließend werden Erguss oder Luft entfernt (▶ Abb. 3-17). Damit kann eine sofortige Besserung der Atemnot erreicht werden. Bei Flüssigkeit kann diese auch unter Ultraschallkontrolle an der Stelle der stärksten Flüssigkeitsansammlung punktiert werden.

Zusätzlich zum oben gezeigten Bildmaterial finden Sie ein Video einer Thorakozentese auf tfa-wissen.de unter: svg.to/thorakozentese

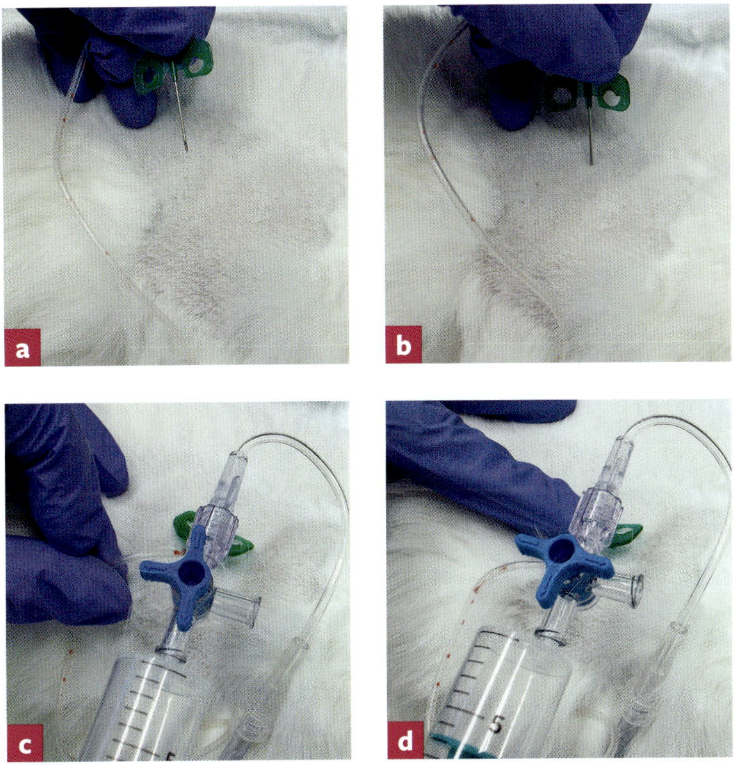

Abb. 3-17 Thorakozentese schrittweise
a Positionierung der Punktionsnadel im 9. Interkostalraum
b Einstich der Nadel
c Ankippen der Nadel mit der Öffnung zur Lunge und Aspiration der Luft in der Spritze
d Umlegen des Dreiwegehahns und Entleeren der Spritze

Kardiogenes Lungenödem

Bei vermutetem kardiogenem Lungenödem wird ein Schleifendiuretikum wie z. B. Furosemind verabreicht. Der Effekt ist nach i.v.-Gabe am besten. Dennoch sollte im Einzelfall entschieden werden, ob das Legen eines Venenkatheters für den Patienten zu viel Stress bedeuten würde. In diesen Fällen wird die intramuskuläre Applikation vorgezogen. Das

Furosemid kann bis zur Besserung stündlich i.m., i.v. oder auch als Dauertropf i.v. verabreicht werden. Auf eine Infusionstherapie muss bei kardiogenem Lungenödem mit Entwässerung verzichtet werden.

Asthma

Bei *vermutetem* Asthma wird mit Bronchodilatatoren gearbeitet. Diese werden auch i.m. verabreicht. Kortison wird nur bei *nachgewiesenem* Asthma eingesetzt, da es die Diagnostik verfälschen kann. Bei unklarer Ursache ist auch die Versuchstherapie mit Furosemid und Bronchodilatatoren gleichzeitig möglich.

Pneumonie

Im Falle einer Pneumonie beinhaltet die Therapie neben der O_2-Gabe in der Regel eine gezielte Antibiose. Unterstützend können Schleimlöser wie Bromhexin dazu gegeben werden. Der Einsatz von Bronchodilatatoren ist für diese Indikation umstritten. Antitussiva und Kortison sind kontraindiziert. Sobald die Patienten stabil sind, ist es zudem sinnvoll, die Tiere regelmäßig zu mobilisieren, also regelmäßig hinzustellen und kurze Stecken zu gehen, um das Sekret in der Lunge zu lösen und ein Abhusten zu ermöglichen.

PRAXISTIPP

- Bei Atemnot zuerst selbst durchatmen!
- Stress vermeiden und Sauerstoff geben

3.2 Schock

Ein Schock ist in jedem Fall ein medizinischer Notfall, der je nach Schweregrad lebensbedrohlich werden kann und somit innerhalb weniger Minuten bis einer Stunde therapiert werden sollte.

Definition
Der Schock ist eine oft mit verminderter Durchblutung einhergehende Reduktion der zellulären Sauerstoffversorgung.

Ursachen können die Verminderung der Herzauswurfleistung oder des Blutflusses, aber auch metabolische Ursachen wie Hypoglykämie oder Anämie sein.

3.2.1 Schockformen

Klassischerweise werden nach den pathophysiologischen Vorgängen folgende Schockformen unterschieden (▶Tab. 3-1):

- hypovolämischer Schock (▶Abb. 3-18)
- distributiver Schock (▶Abb. 3-19)
- kardiogener Schock

Tab. 3-1 Pathophysiologie der klassischen Schockformen

Parameter	Schockformen		
	hypovolämischer Schock	distributiver Schock	kardiogener Schock
Herzfrequenz	erhöht	erhöht	variabel
Schleimhautfarbe	blass	gerötet	blass
kapilläre Rückfüllzeit	verlängert	verkürzt	verlängert
Pulsqualität	schwach	normal bis verstärkt	schwach bis normal
Gliedmaßen-Temperatur	kalt	warm	kalt
Bewusstsein	vermindert	vermindert	vermindert

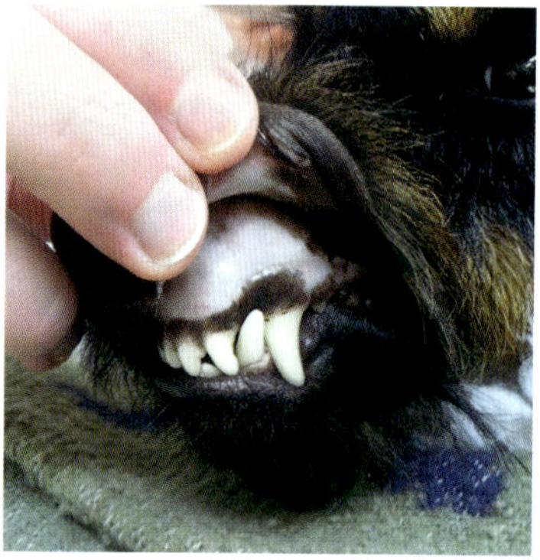

Abb. 3-18 Hund mit blassen Schleimhäuten im früh dekompensierten Stadium des hypovolämischen Schocks

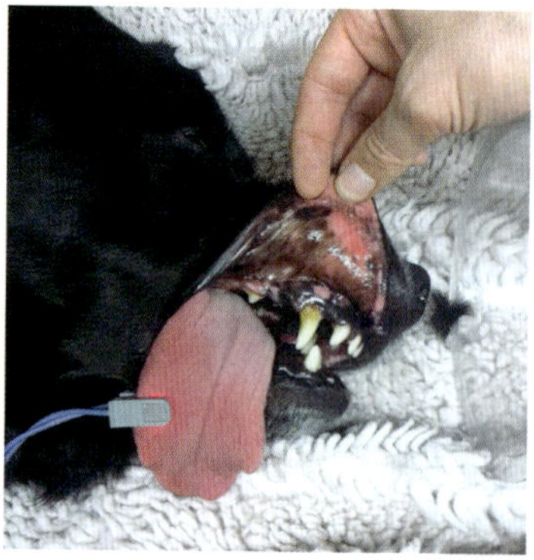

Abb. 3-19 Hund mit geröteten Schleimhäuten im distributiven Schock

Der **hypovolämische Schock** geht mit einem absoluten Mangel an Blutvolumen durch Blutungen oder andere Flüssigkeitsverluste einher (auch Volumenmangelschock). Die Sonderform des hypovolämischen Schocks, der **obstruktive Schock**, hat als Ursache eine Verminderung des venösen Blutrückflusses durch eine Verlegung der Venen bzw. des rechten Herzvorhofes wie z. B. bei einer Magendrehung oder einem Perikarderguss.

Beim **distributiven Schock** führt eine Vasodilatation aufgrund z. B. einer Sepsis oder anaphylaktischen Reaktion zur Verminderung des Blutdrucks, Blutflusses und somit der zellulären Sauerstoffversorgung. Das Blut- und Flüssigkeitsvolumen im Körper ist ausreichend, aber auf ein viel größeres Gefäßsystem verteilt. Daher spricht man auch von einem relativen Volumenmangel.

Der **kardiogene Schock** ist Folge einer Herzerkrankung. Dies kann eine schwere Rhythmusstörung, Herzmuskelerkrankung oder selten auch Klappenerkrankung sein. Aufgrund der verschiedenen Ursachen können die Patienten verschiedene Herzfrequenzen haben. **Achtung:** nicht mit dem hypovolämischen Schock verwechseln!

3.2.2 Schockstadien und Diagnostik

Insbesondere beim hypovolämischen Schock sind drei verschiedene Schockstadien zu unterscheiden (▶ Tab. 3-2):

- kompensiert
- früh dekompensiert
- dekompensiert

Initial findet bei einem Blutverlust von bis zu 25 % des Blutvolumens eine Kompensation statt. Es kommt zur Ausschüttung von Stresshormonen, durch die eine Normalisierung der Sauerstoffversorgung erreicht werden soll (Kompensation).

Bei ca. 30–40 % Blutverlust findet eine Zentralisation des Blutes durch Vasokonstriktion statt, um die lebenswichtigen Organe weiterhin mit O_2 zu versorgen (frühe Dekompensation). Im Spätstadium oder nach einem Blutverlust von mehr als 40 % sind die Schleimhäute verwaschen und grau (Dekompensation). Diese Patienten sind nur mit einer aggressiven Schocktherapie zu retten.

Tab. 3-2 Veränderung der Schockparameter bei verschiedenen Schockstadien

Perfusionsparameter	Schockstadien		
	kompensiert	früh dekompensiert	dekompensiert
Herzfrequenz	erhöht	erhöht	variabel, spät erniedrigt
Schleimhautfarbe	normal, gerötet	blass	blass, verwaschen, grau
kapilläre Rückfüllzeit	verkürzt	verlängert	verlängert
Pulsqualität	normal bis verstärkt	schwach	schwach
Gliedmaßen-Temperatur	normal	kalt	kalt
Bewusstsein	normal	mittelgradig vermindert	hochgradig vermindert

BEACHTE

Katzen reagieren im Schock anders als Hunde: Bei ihnen steht eine Hypothermie mit teilweise unter 37 °C im Vordergrund. Durch den Temperaturabfall sinken die Herzfrequenz und der Blutdruck ab. Herzfrequenzen von 100–120 Schlägen/min sind bei Katzen im Schock keine Seltenheit. Hier stellt das schnelle Aufwärmen der Katzen neben der gezielten Infusionstherapie die Hauptkomponente der Therapie dar.

3.2.3 Therapie

Da es im Schock zu einem Sauerstoffmangel auf zellulärer Ebene kommt, ist ein Grundbaustein der Therapie die **Gabe von Sauerstoff**. Dies kann per Flow-by oder Maske erfolgen (▶ Kap. 3.1.2).

Die zweite essenzielle Therapie des hypovolämischen und distributiven Schocks besteht in einer gezielten **Infusionstherapie**. Diese sollte, auch bei Katzen, i.v. erfolgen. Dazu wird ein möglichst großer Venenkatheter in die V. cephalica, V. saphena externa oder bei Katzen in die V. saphena interna gelegt. Alternativ können auch die Metatarsalvene, Ohrrandvene oder Jugularvene genutzt werden. Sollte – vor allem bei sehr kleinen, jungen Tieren – keine Vene auffindbar sein, kann auch eine Kanüle in einen großen Röhrenknochen eingelegt werden. Für die intraossäre Infusionstherapie können dieselben Infusionslösungen in denselben Raten wie auch intravenös verwendet werden.

Zur Schocktherapie eignen sich alle **isotonen, kristalloiden Lösungen** wie NaCl 0,9 % oder Ringer-Laktat. Aufgrund der physiologischen Elektrolytverteilung sollten balancierte Vollelektrolytlösungen wie Ringer-Laktat oder Ringer-Acetat vorgezogen werden. In besonders schweren Fällen können auch kolloidale Lösungen wie HAES oder hypertone Kristalloide wie NaCl 7,5 % eingesetzt werden.

Die Infusionstherapie wird meist als supranormale Schocktherapie durchgeführt. Hierbei wird versucht, den venösen Flüssigkeitsstatus über die normale Gefäßfüllung hinaus zu verbessern. Dazu wird die Infusionslösung in Boli à 20–30 ml/kg KGW über 10–15 Minuten appliziert und nachfolgend die sechs genannten Perfusionsparameter nachuntersucht (▶Tab. 3-2). Wenn diese sich nicht normalisiert haben, kann der Bolus bis zu zweimal wiederholt werden. Beim Einsatz von Kolloiden werden 10–15 ml, bei hypertoner NaCl 7,5 % 4 ml/kg KGW als Bolus verwendet. Für Katzen wird die jeweils niedrigere Menge der angegebenen Dosis verwendet.

Bei Traumapatienten oder Patienten mit starkem Proteinmangel wird ebenfalls nur die niedrigere Menge verwendet. Hier ist aufgrund des Risikos des Aufbrechens von Blutungen das Ziel, die Vitalparameter nicht zu normalisieren, sondern für die ersten Stunden nur zu verbessern. Für Traumapatienten sollte der mittlere arterielle Blutdruck (MAP) nach der Schockinfusion 60 mmHg betragen.

Die Infusionslösungen können je nach Patientengröße

- als frei tropfende Infusion,
- mit Druckbeutel,
- mit Infusionspumpe oder
- bei kleinen Patienten wie Katzen auch per Spritze verabreicht werden.

PRAXISTIPP

Wenn beim distributiven Schock nach 2–3 Schockboli keine Besserung erfolgt, sollte mit vasoaktiven Wirkstoffen wie Dobutamin oder Dopamin als Dauertropfinfusion der Blutdruck gesteigert und möglichst im mittleren arteriellen Blutdruck über 80 mmHg gehalten werden.

Selbstverständlich sollte der Schockpatient nach der Schocktherapie weiter überwacht werden. Die Situation kann sich durch Umverteilung der Infusion nach ca. 30–60 Minuten wieder verschlechtern. Zur Überwachung werden die Schockparameter herangezogen. Ein weiterer sinnvoller Parameter ist das Laktat. Dieses sollte unter 2,5 mmol/l liegen und – falls es beim Schockpatienten erhöht ist – unter der Schocktherapie um ca. 50 % pro Stunde abfallen.

3.3 Krampf

Ein systemischer Krampfanfall kann akut lebensbedrohlich sein. Hierbei muss im Notfallmanagement zwischen einfachen Anfällen und einem Status epilepticus unterschieden werden (▶Abb. 3-20).

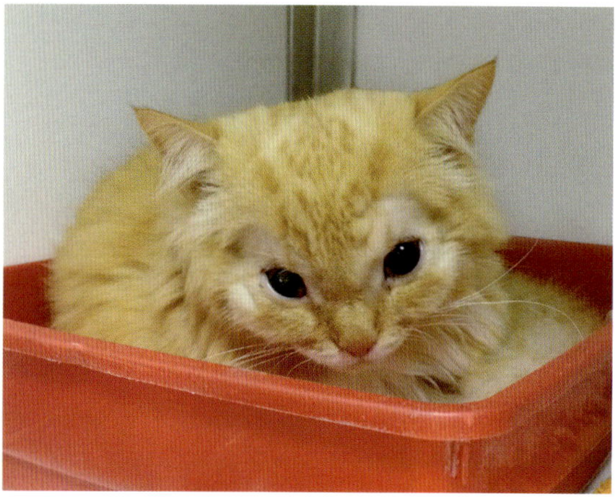

Abb. 3-20 Junge Katze mit Krampfanfällen aufgrund von Missbildungen

Ein **einfacher Kampfanfall**, wie er häufig im Rahmen der Epilepsie auftritt, dauert nur Sekunden bis wenige Minuten. Die Tiere sind oft bereits bei Vorstellung krampffrei, es kann aber noch eine Verhaltensänderung mit Desorientiertheit oder Ataxie vorliegen. Tiere in diesem Zustand werden in der Triage als stabil kompensiert eingeschätzt. Hier entscheidet der Tierarzt nach der Anamnese und der klinischen sowie neurologischen Untersuchung, ob eine Notfalltherapie und Notfalldiagnostik nötig ist, oder ob der Patient einen Termin zur Abklärung bekommt. Gelegentlich werden entkrampfende Medikamente als Rektaltuben oder Nasentropfen für den Fall eines erneuten Anfalls mitgegeben.

Der **Status epilepticus** ist immer eine lebensbedrohliche Situation. Im Status hält der Anfall für mehrere Minuten bis Stunden ohne Erholung an. Die Patienten sind dekompensiert (körpereigene Regulationsvorgänge funktionieren nicht mehr), in akuter Lebensgefahr und sollten sofort der Notfalltherapie unterzogen werden.

BEACHTE

Neben der Akuttherapie ist auch auf den Selbstschutz und den Schutz des Patienten vor Verletzungen zu achten!

- Greifen Sie nicht in das Maul des Patienten und halten Sie sich möglichst vom Maul fern! Die Tiere können ggf. unkontrolliert um sich beißen.
- Entfernen Sie das Tier von Tischen, Stühlen oder vom Mobiliar, von dem Gegenstände auf das Tier fallen könnten.
- Bringen Sie das Tier am besten auf den Boden, damit es nicht vom Tisch fallen kann oder fixieren Sie es am Tisch.

3.3.1 Diagnostik

Gleich bei der Ankunft werden die wichtigsten Punkte der Triage abgearbeitet und die Therapie der dabei auffälligen Veränderungen begonnen.

Triage

A – Airway Die Atemwege der betroffenen Patienten können mit Schleim oder geschwollenem Gewebe verlegt sein. Fremdmaterial sollte, wenn möglich, mit Klemmen entfernt oder abgesaugt werden. Es kann nötig werden, diese Patienten im Rahmen der Notfalltherapie zu intubieren oder anderweitig Sauerstoff in die Lunge zu bringen. Für alle Maßnahmen im Maul sollte der Patienten möglichst krampffrei sein.

B – Breathing Durch den Anfall kommt es nicht nur zum Krampf der Gliedmaßenmuskulatur. Die Atemmuskulatur sowie das Zwerchfell sind ebenfalls oft – zumindest teilweise – betroffen. Dadurch gelangt wenig Luft und O_2 in die Lungen. Zudem wird durch den Krampf der Sauerstoffverbrauch deutlich erhöht. Die Patienten können sich somit in einer lebensbedrohlichen Hypoxie (Sauerstoffunterversorgung) befinden. Zur Notfalltherapie gehört daher unbedingt die Verabreichung von O_2 über Flow-by, Maske oder über einen Tubus.

C – Circulation Durch den Krampf kommt es meist zur deutlichen Erwärmung des Körpers. Temperaturen über 41 °C sind keine Seltenheit. Diese Hyperthermie führt zur systemischen Vasodilatation (Gefäßerweiterung). Dadurch befinden sich viele Krampfpatienten im distributiven Schock und benötigen eine entsprechende Schockinfusion (▶ Kap. 3.2).

Weiterführende Diagnostik

Neben der bereits anlaufenden, akuten Therapie sollten therapierbare Ursachen des Krampfes möglichst schnell diagnostiziert werden. Zu den Ursachen zählen Gefäßveränderungen, Viskositätsveränderungen des Blutes, Blutungen, Thrombembolien, Elektrolytabweichungen, Glukosemangel, Leber- oder Nierenversagen, Trauma, Vergiftungen, infektiöse und entzündliche Erkrankungen, angeborene Erkrankungen, Tumoren, degenerative Erkrankungen und auch die idiopathische Epilepsie. In der Notfallsituation können sowohl metabolische, toxische und hämatologische als auch infektiöse Ursachen mehr oder weniger gut diagnostiziert werden. **Daher ist es empfehlenswert, bei allen Tieren im Status epilepticus eine Basislaboruntersuchung durchzuführen.** Diese sollte die Elektrolytmessung, Glukose, Hkt, TP, Leukozytenzahl, Thrombozytenzahl, Kreatinin, ggf. Ammoniak und Gerinnungsanalyse beinhalten. Therapierbare Ursachen wie z. B. eine Hypoglykämie müssen schnellstmöglich behandelt werden.

3.3.2 Therapie

Kühlung

Im Status epilepticus kann es aufgrund der extremen Muskelaktivität am gesamten Körper zu einer **drastischen Steigerung der Körpertemperatur** kommen. Eine Hyperthermie von über 41 °C kann innerhalb weniger Minuten zur Denaturierung von Proteinen im Körper führen und damit irreversible Schädigungen des Gehirns zur Folge haben. Daher sollten Tiere mit Temperaturen über 41 °C schnellstmöglich aktiv gekühlt werden. Dies erfolgt am besten, indem das Fell bis zur Haut mit kaltem Wasser übergossen wird. Eiswasser ist nicht geeignet, da es dadurch zur massiven Vasokonstriktion in der Haut kommt und genau das Gegenteil erreicht wird, nämlich, dass die Wärme aus dem Körperkern nicht mehr abgegeben werden kann. Zur Unterstützung der Kühlung können Ventilatoren aufgestellt oder das Fell der Tiere geschoren werden. Durch Eispackungen an den großen Blutgefäßen wie Halsvene, Oberschenkel- oder Achselarterie kann die Kühlung unterstützt werden. Die Kühlung sollte bei einer Körpertemperatur von 39,5–40 °C gestoppt werden. Viele Tiere kühlen entsprechend nach und werden in Folge oft hypotherm (untertemperiert).

> **BEACHTE**
> Tiere im Status epilepticus überhitzen häufig auf Temperaturen über 41 °C. In diesen Fällen ist eine schnelle, aktive Kühlung des Patienten erforderlich!

Unterbrechung des Krampfes

Selbstverständlich sollte der Krampf **schnellstmöglich** unterbrochen werden. Dazu stehen entsprechende Medikamente zur Verfügung. Die beste Möglichkeit ist die intravenöse Gabe eines entkrampfenden Wirkstoffs. Leider ist es im Status epilepticus aufgrund der massiven Bewegung oft nicht möglich, sofort einen Venenkatheter zu legen.

Daher muss am Anfang nicht selten ein alternativer Verabreichungsweg gesucht werden.

Viele Praxen haben **Diazepam-Rektaltuben** zur Verfügung. Diese werden in den Anus eingeführt und entleert. Bei der Entleerung ist darauf zu achten, die Tube solange komplett zusammenzudrücken, bis sie wieder aus dem Anus entfernt ist. Andernfalls kann das Medikament beim Loslassen der Tube im Rektum wieder zurück in die Tube gesogen werden.

Aktuelle Studien verwenden eine **Midazolam-Injektionslösung**, welche über spezielle Aufsätze in die Nase appliziert wird (▶Abb. 3-21 und ▶Abb. 3-22) Diese wirkt laut Studien schneller als rektal verabreichtes Diazepam.

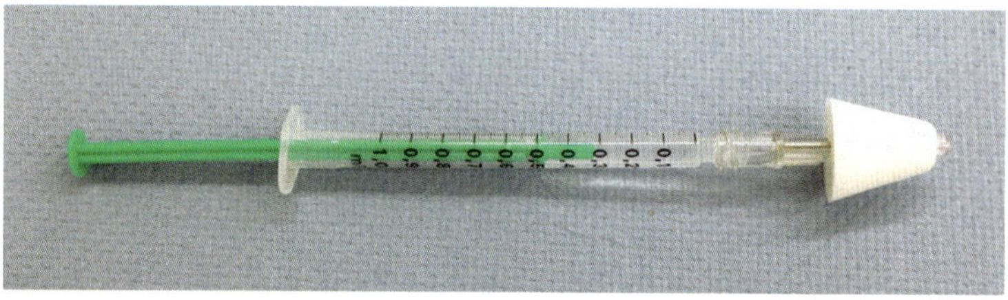

Abb. 3-21 Nasenapplikator für Midazolam

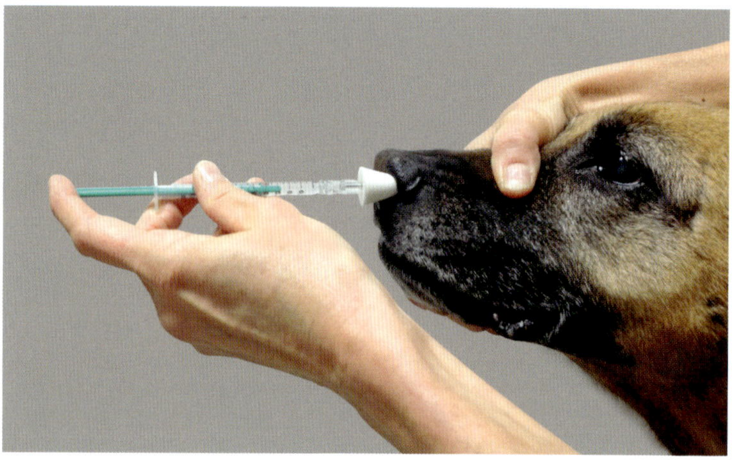

Abb. 3-22 Anwendung des Nasenapplikators bei einem Hund

Eine andere schnelle Methode ist die **Applikation des Medikaments in die Muskulatur**. Leider dauert die Resorption von Diazepam sehr lange, sodass dieser Wirkstoff für diese Applikationsform nicht in Frage kommt. **Midazolam** hingegen kann sehr schnell resorbiert werden. Der Autor verwendet diese Option oft als Initialtherapie. Wenn der krampfende Patient in die Klinik kommt, wird bereits im Rahmen der Triage Midazolam intramuskulär appliziert. Während O_2 verabreicht und das Material zum Legen des Venenkatheters vorbereitet wird, kann das Medikament schon wirken. Somit ist die Krampfaktivität bereits oft nach wenigen Minuten geringer und der Venenkatheter kann gelegt werden.

Sobald der Venenkatheter liegt, werden die Medikamente über diesen verabreicht. Wenn eine dreimalige Gabe eines Benzodiazepins nicht erfolgreich ist, sollte zu **stärkeren Medikamenten** gegriffen werden. Oft werden im Status Anästhetika wie Propofol oder Alfaxalon eingesetzt. Zum Stoppen des Krampfes werden meist höhere Dosen als in der Anästhesie benötigt. Diese Wirkstoffe können allerdings auch eine Atemdepression verursachen, sodass die Patienten möglichst intubiert und durch Beatmung mit O_2 versorgt werden sollten.

Leider unterbrechen die Anästhetika meist nur den Krampf der Muskulatur; die **eigentliche Ursache**, also die gesteigerte Gehirnaktivität, wird oft nur durch hohe Dosen vermindert. Daher ist es bereits im Notfall sinnvoll, die antiepileptische Therapie mit Phenobarbital oder/und Levetiracetam zu starten. Beide Wirkstoffe müssen als **Ladedosis** verabreicht werden. Das heißt, es werden bis zu vier Dosen des Medikaments innerhalb von bis zu 4 h verabreicht, um einen wirksamen Plasmaspiegel aufzubauen. Insbesondere Phenobarbital benötigt ca. 30 min bis zum maximalen Effekt. Falls die Zeit bis zur Wiederholung des Bolus weniger als 20–30 min beträgt, kann es sein, dass die Nebenwirkungen wie Atemdepression besonders stark ausfallen. **Daher sollte der Abstand zwischen den Boli auf jeden Fall eingehalten werden.** Die Krämpfe können bis zum Wirkungseintritt des Phenobarbitals mit den vorher genannten Anästhetika kontrolliert werden. Levetiracetam kann im Abstand von 30–60 min verabreicht werden.

BEACHTE
Phenobarbital ist ein stark gewebereizendes Medikament. Bei Injektionen in die Muskulatur oder bei paravenöser Gabe (neben der Vene) können schwerwiegende Gewebsnekrosen entstehen. Daher sollte Phenobarbital streng intravenös verabreicht werden.

Sofern der Krampf bereits nach ein oder zwei Boli unter Kontrolle ist, muss die Ladedosis nicht komplett gegeben werden. Sollte der Patient nach Beendigung der Ladedosis allerdings noch krampfen, muss eine **Anästhesie** eingeleitet und über mehrere Stunden aufrechterhalten werden. Dazu stehen die Anästhetika Propofol und Alfaxalon als Dauertropfinfusion sowie auch die Inhalationsanästhetika Isofluran und Sevofluran zur Verfügung.

Überwachung

Patienten in diesem Zustand sollten, genau wie jeder anästhesierte Patient, intensiv überwacht werden. Dazu zählt neben der klinischen **Überwachung der Anästhesietiefe** auch die Messung der **Sauerstoffsättigung**, des **endexspiratorischen CO_2**, der **Temperatur** und des **Blutdrucks**. Zudem sollten die Patienten **intubiert und mit O_2 versorgt** werden. Dies kann entweder über ein Anästhesiegerät oder über einen Sauerstoffschlauch erfolgen (▶ Abb. 3-23).

Diese Patienten benötigen während der Anästhesie auch intensive Pflege. Sie sollten alle 2–4 Stunden **Augensalbe** bekommen, damit keine Hornhautschäden entstehen. Der Tubus sollte alle vier Stunden in der Position verändert und alle acht Stunden komplett ausgetauscht werden. Der Tubuscuff darf zur Vermeidung von Schleimhautschäden nicht zu stark geblockt sein. Zur Kontrolle eignen sich bei Low-Pressure-High-Volume-Cuffs Manometer in Form eines Cuffdruckmessers (▶ Abb. 3-24).

Die Patienten sollten in Brust-Bauch-Lage oder in Seitenlage gelagert werden. Bei Letzterem sollte der Patienten alle vier Stunden gewendet

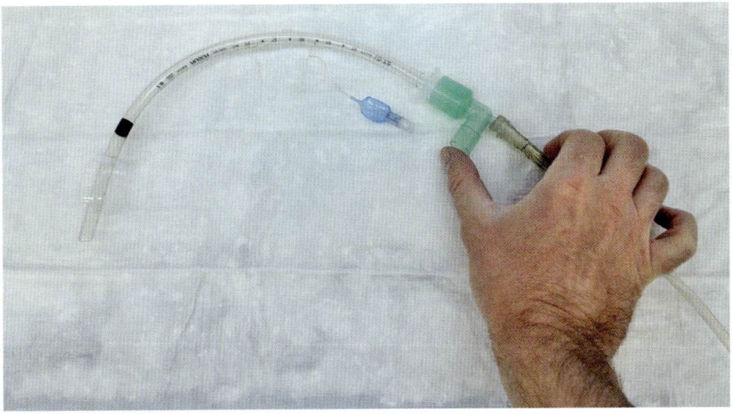

Abb. 3-23 Tubus mit Ellenbogenstück und Sauerstoffschlauch zur manuellen Beatmung. **Achtung:** Ellenbogenstück nicht zu lange mit dem Finger verschließen, da ansonsten zu viel Druck in der Lunge aufgebaut wird.

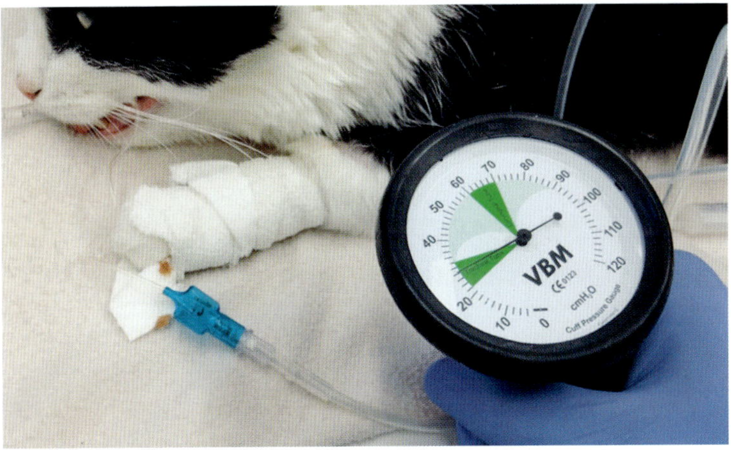

Abb. 3-24 Einsatz des Cuffdruckmessers bei der Intubation einer Katze

und der Kopf erhöht auf ca. 30° gelagert werden. Eine Kompression der Jugularvenen durch jugulare Blutentnahmen, zentrale Venenkatheter (ZVK) oder Halsverbände sollte unterbleiben. Ebenfalls zu vermeiden ist übermäßiges Husten, Niesen oder Erbrechen, da dadurch der intrakranielle Druck weiter erhöht wird.

BEACHTE

Hinweise zum Umgang mit Krampfpatienten

- Anfallspatienten sollten unter permanenter Kontrolle stehen. Jeder weitere Krampf sollte bei einer Dauer von mehr als 1–2 Minuten medikamentös unterbrochen werden. Es ist sinnvoll, dazu geeignete Medikamente möglichst aufgezogen oder zumindest mit ausgerechneter Dosierung an der Box des Patienten zu platzieren.
- Bei Krampf auf Selbstschutz achten, Sauerstoff geben und Krämpfe lösen. Über eine gezielte Blutuntersuchung können metabolische Ursachen entdeckt werden.

Hilfreiche Flowcharts für den Praxisalltag zur Diagnostik und Therapie von Krampfpatienten finden Sie zum Download auf tfa-wissen.de unter:

svg.to/krampf_diagnostik

svg.to/krampf_therapie

3.4 Offensichtliche Blutung

Durch Traumata oder Gerinnungsstörungen kann es zu akuten Blutungen kommen. Diese sehen für alle Beteiligten immer sehr erschreckend aus. Ziel der Notfalldiagnostik und Therapie ist es, den Schweregrad des Blutverlustes zu beurteilen und die Blutung zu stoppen.

Atemwege und Atmung sollten im Rahmen der Blutung kaum beteiligt sein. Ausnahmen sind Blutungen im Maul und am Hals, ggf. mit Verletzungen des Kehlkopfes oder der Trachea sowie Blutungen am Thorax mit einer Verletzung der Brustwand und der Lungen. In diesen Fällen sollte O_2 verabreicht werden. Falls die Atmung durch Schwellungen oder Hämatome an den Atemwegen beeinträchtigt ist, müssen die Atemwege durch Intubation gesichert werden.

3.4.1 Diagnostik

Triage

Im Rahmen der Triage sollte vor allem auf die **Kreislaufsituation** geachtet werden. Bei akuten Blutungen befindet sich der Patient meist im hypovolämischen Schock. Zugleich ist die Blutungsquelle zu identifizieren. Arterielle Blutungen stellen sich dabei pulsierend mit hellrotem Blut, venöse Blutungen kontinuierlich mit dunklerem Blut dar.

Weiterführende Diagnostik

Zur Beurteilung des Blutverlustes und als Ausgangswert wird bei schwereren oder länger andauernden Blutungen der Hkt und das TP bestimmt. **Ein normaler Hkt bedeutet allerdings nicht, dass die Blutung nicht relevant ist.** In den ersten Stunden nach der Blutung wird der Hkt nicht abfallen. Erst nach mehreren Stunden oder durch eine Infusionstherapie kommt es zum Abfall des Hkt und des TPs.

Im Rahmen der Diagnostik wird nach der **Ursache der Blutung** gesucht. Falls kein Trauma oder andere lokale Verletzungen vorliegen, handelt es sich meist um eine Gerinnungsstörung. Hier kommen primäre Gerinnungsstörungen, also Störungen der Thrombozyten, und sekundäre Hämostasestörungen, also Störungen der plasmatischen Gerinnung, in Frage.

Als **primäre Hämostasestörungen** werden Veränderungen der Thrombozytenzahl oder -funktion bezeichnet. Klinisch sind bei einer primären Hämostasestörung meist Nasenblutungen oder petechiale (punktförmige) Blutungen sowie Blutungen am Magen-Darm-Trakt (MDT) zu sehen. Die Thrombozytenzahl kann mittels Blutbildgerät oder, falls dieses nicht vorhanden ist, mit einem Blutausstrich oder einer Thrombozytenzählkammer bestimmt werden. Im Blutausstrich wird mikroskopisch bei 1000-facher Vergrößerung unter Verwendung von Immersionsöl zwischen Objektiv und Präparat die Anzahl der Thrombozyten pro Gesichtsfeld gezählt. Diese Zahl wird mit 25.000 multipliziert. Falls < 8 Thrombozyten/Gesichtsfeld vorliegen (= 200.000 Thrombozyten/µl Blut), handelt es sich um eine Thrombozytopenie. Zu einer

Thrombozyten-Funktionsstörung kommt es z.B. infolge der von-Willebrand-Erkrankung oder einer Aspiringabe. Diese können über viskoelastische Tests wie der Thrombelastographie bestimmt werden. Klinisch wird meist die Schleimhautblutungszeit für die Diagnostik herangezogen (▶ Kasten BMBT).

BMBT (Bucal Mucosal Bleeding Time) = Schleimhautblutungszeit zur Bestimmung der Thrombozytenfunktion

Achtung: Dieser Test ist nur am ruhigen oder sedierten Tier und nicht bei starker Thrombozytopenie durchzuführen!

Vorgehen:

- Lefze locker nach oben binden
- mit Surgicutt® (Testgerät mit zwei kleinen Skalpellklingen) kleine Einschnitte in die Schleimhaut einbringen
- bis zum Stehen der Blutung warten; gelegentlich das nachlaufende Blut abtupfen (Cave: Dabei dürfen die Einschnitte nicht berührt werden, da dies das Gerinnsel zerstört.)
- Die Blutung muss innerhalb von vier Minuten zum Stehen kommen.
- Bei längerer Blutungsdauer liegt eine Thrombozyten-Funktionsstörung vor.

Blutungen aufgrund von **Störungen der sekundären Hämostase** sind z.B. angeborene Gerinnungsstörungen oder Vergiftungen mit Rattengift. Bei diesen kommt es vor allem zu Flächenblutungen, Hämatomen und Blutungen in Körperhöhlen. Zur Diagnostik werden die Gerinnungsparameter PT und aPTT gemessen. Bei einer isolierten Verlängerung der PT liegt mit hoher Wahrscheinlichkeit eine Rattengiftvergiftung vor.

3.4.2 Therapie

Hypovolämischer Schock

Falls sich das Tier im hypovolämischen Schock befindet, sollte die Blutung schnellstmöglich gestoppt werden. Bei arteriellen Blutungen muss das betroffene Gefäß durch das Abklemmen mit einer Arterienklemme oder einen Druckverband komprimiert werden. An der Gliedmaße eignet sich der Druckverband (▶Abb. 3-31, S. 120). Blutungen am Hals oder Körperstamm benötigen meist entweder eine manuelle Kompression oder eine Arterienklemme. Zugleich sollte O_2 verabreicht werden und das verlorene Blutvolumen durch eine adäquate Infusionstherapie intravenös ersetzt werden. Im Gegensatz zum klassischen Schockpatienten wird hier versucht, mit einer ggf. wiederholten Bolus-Infusion von ca. 10–15 ml/kg KGW das Blutvolumen aufzufüllen. Zumindest bis die Blutung unter Kontrolle ist, sollte die Infusionsmenge nicht zu hoch gewählt werden, da ansonsten durch den steigenden Blutdruck bereits stehende Blutungen wieder aufbrechen können. Zur Kontrolle des Effekts der Schockinfusion eignet sich hier neben der klinischen Untersuchung die Blutdruckmessung. Der MAP sollte beim blutenden Patienten bei ca. 60 mmHg, der systolische Blutdruck bei 80–100 mmHg liegen. Bei diesem Zielwert wird die Infusion vorerst gestoppt. Bei Verschlechterung des Zustands des Patienten oder Abfall des Blutdrucks wird sie wieder gestartet.

Bluttransfusion

Bei starkem Blutverlust muss dem Patienten mit einer Bluttransfusion geholfen werden. Hierzu eignet sich am besten Vollblut oder Erythrozytenkonzentrat. Die Blutgruppe des Patienten sollte vor der Transfusion ermittelt werden, da Spender und Empfänger möglichst dieselbe Blutgruppe haben sollten (▶Abb. 3-25).

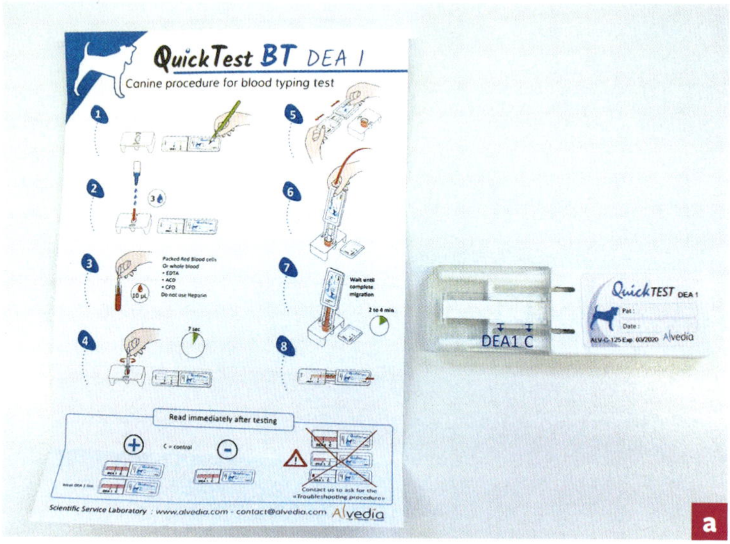

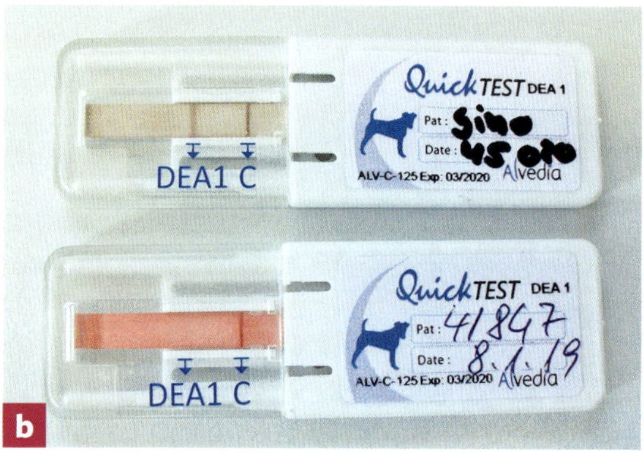

Abb. 3-25 Blutgruppentest in ELISA-Form
a Anleitung und unbenutzter Quick-Test
b Beispiel zweier durchgeführter Quick-Tests

Bei Hunden ist im Notfall, falls der Empfänger noch nie eine Transfusion erhalten hat, die Ersttransfusion ohne Blutgruppenbestimmung möglich. Falls die falsche Blutgruppe transfundiert wurde, kommt es innerhalb von 4–7 Tagen zur Auflösung des transfundierten Blutes. Dennoch sollte in diesem Fall Blut zur Blutgruppenbestimmung eingeschickt werden, sodass bei einer evtl. erneuten Transfusion die richtige Blutgruppe des Patienten bekannt ist. Hunde mit der Blutgruppe DEA 1.1 positiv können Blut von allen anderen Hunden bekommen. Falls mehrfach Transfusionen notwendig sind, eine Blutgruppenbestimmung jedoch nicht möglich ist, sollte stets eine Kreuzprobe angefertigt werden, um die aktuelle Verträglichkeit von Spender- und Empfängerblut zu testen (▶ Abb. 3-26). Dabei ist zu beachten, dass im Voraus beide Proben negativ auf Autoagglutination getestet werden müssen. Bei positiver Autoagglutination müssen die Proben mit 0,9%iger NaCl-Lösung „gewaschen" werden, wobei mehrfach NaCl in die Röhrchen gefüllt und nach anschießendem Zentrifugieren der Überstand entfernt wird.

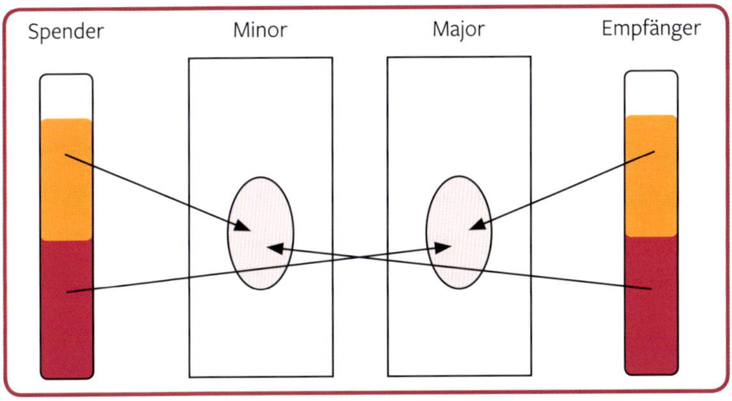

Abb. 3-26 Schema für die Durchführung einer Kreuzprobe mit dem Blut von Spender und Empfänger. Das Serum des Empfängers wird zum Plasma des Spenders gegeben und umgekehrt.

Indikationen für eine Bluttransfusion stellen akute Blutungen mit einem starken Volumenverlust und schwere Anämie (Blutarmut) mit niedrigem Hkt dar. In der Tiermedizin ist kein absoluter Parameter etabliert, an dem festgemacht wird, ob der Patient eine Transfusion benötigt (Transfusionstrigger). Bei Patienten, die anästhesiert werden sollen, empfiehlt es sich, einen Hkt von über 20 % anzustreben. Bei Tieren mit schweren Blutungen kann eine Transfusion bereits ab einem Hkt um 25 % nötig sein. Chronisch anämische Tiere können hingegen Hkt-Werte um 10 % tolerieren Die Entscheidung, ob eine Transfusion nötig ist, wird daher meist anhand der klinischen Parameter Herzfrequenz, Atemfrequenz und innere Körpertemperatur getroffen. Bei anämischen Patienten empfiehlt der Autor die Transfusion bei einem Anstieg der Herzfrequenz auf > 140–160/min bei Hunden bzw. > 220/min bei Katzen, einem Anstieg der Atemfrequenz auf > 40/min und bei einem Absinken der Körpertemperatur auf < 37,5–38,0 °C.

BEACHTE

2–3 ml Vollblut/kg KGW erhöhen den Hkt des Empfängers um 1 %.

Beispiel: Ein 20 kg schwerer Hund mit einem Hkt von 10 % benötigt ca. 600 ml Vollblut, um einen Hkt von 20 % zu erreichen.

Bei jeder Transfusion besteht das Risiko für **Transfusionsreaktionen**. Daher muss jeder Patient während der Transfusion engmaschig überwacht werden. Es werden Herzfrequenz, Atemfrequenz, Schleimhautfarbe und Körpertemperatur anfänglich alle 5 min, nach ca. 30 min halbstündlich gemessen. Ein Anstieg von Herz-, Atemfrequenz und Temperatur spricht für eine Transfusionsreaktion. Zu beachten ist hierbei, dass Tiere, die hypotherm sind, im Verlauf der Transfusion eine Normaltemperatur entwickeln können, ohne eine Transfusionsreaktion aufzuweisen. In diesen Fällen ist die Entwicklung einer Hyperthermie hinweisend auf eine Transfusionsreaktion. Schwellungen der Lefzen und Lider sind ebenfalls Anzeichen einer Transfusionsreaktion. Am Anfang der Transfusion wird ein Testbolus von ca. 1 ml/kg KGW über 10 min verabreicht. Falls es zu keiner Transfusionsreaktion kommt, wird der Rest des Blutes über ca. 3–4 h verabreicht. Bei Tieren, die akut verbluten, kann die Transfusion auch deutlich schneller erfolgen. Unter manchen Umständen kann dies sogar eine Druckinfusion des Blutes innerhalb weniger Minuten sein.

Die Transfusion sollte als Infusion frei tropfend, mit Infusionspumpe oder per Spritzenpumpe erfolgen. Achtung: Manche Infusionspumpen können durch den hohen Druck auf die Infusionsleitung die Erythrozyten schädigen. Zur Bluttransfusion sollten immer Infusionsbestecke mit Filtern verwendet werden oder bei der Applikation per Spritze Filter zwischen Spritze und Leitung geschalten werden. Jeglicher Transfusion, egal ob Vollblut oder Plasma, ist als **Antikoagulanz** Citrat beigesetzt. Dieses fängt zur Vermeidung einer Gerinnung der Transfusionsflüssigkeit das dafür nötige Calcium weg. Kommt die Transfusion nun mit Calcium in Kontakt, startet die Gerinnung. Daher sollten parallel zur Transfusion keine calciumhaltigen Lösungen wie Ringer-Laktat in denselben Venenzugang bzw. über dieselben Leitungen wie die Transfusion gegeben werden.

Nach der Transfusion ist der Erfolg mit Hkt-Messungen ca. 1 h und 12 h nach der Transfusion zu kontrollieren.

Bei **Blutungen in das Abdomen oder den Thorax** kann das Blut aus den Körperhöhlen abgesaugt und als Autotransfusion wieder verabreicht werden. Hier besteht bei einer Kontamination mit Tumorzellen das Risiko, dass diese in den Kreislauf gelangen und sich in anderen Geweben ansiedeln. Das Blut aus der Körperhöhle sollte zur Verminderung der Gerinnung mit Citrat im Verhältnis 1 : 10 versetzt und anschließend ebenfalls per Transfusionsbesteck verabreicht werden. In dem autotransfundierten Blut sind allerdings kaum Thrombozyten und Gerinnungsfaktoren enthalten. Bei massiven Transfusionen von mehr als dem einfachen Blutvolumen des Patienten sollte eine Calciumkontrolle erfolgen. Wenn nötig, muss das durch das Citrat gebundene Calcium mittels Calciuminfusionen ersetzt werden.

BEACHTE

Bluttransfusionen dürfen nie gemeinsam mit calciumhaltigen Infusionslösungen verabreicht werden.

Mäßige Blutungen

Bei mäßigen Blutungen und intakter Kreislaufsituation kann die Infusionstherapie vorerst ausbleiben. Natürlich wird auch hier versucht, die Blutung zu stoppen. Insbesondere bei diffusen Blutungen z. B. Nasenbluten, ist dies nicht immer einfach. Bei sehr aufgeregten Tieren mit intakter Kreislaufsituation kann es hilfreich sein, die Tiere zu sedieren. Lokale Hämostyptika können bei direktem Zugang zur Blutung ebenfalls verwendet werden. Bei Blutungen aus der Nase hat sich die Applikation von lokalen vasokonstriktiven Medikamenten wie Adrenalin, Noradrenalin oder Phenylephrin als Tropfen bewährt. Zugleich sollte das Niesen durch eine Sedation oder durch Lokalanästhetika, die in die Nase appliziert werden, vermindert werden.

Primäre Hämostasestörung

Therapeutisch kann eine Blutung infolge einer primären Hämostasestörung kaum effektiv gestoppt werden. Es kann versucht werden, mit der Gabe von Desmopressin die Thrombozyten im Körper zu aktivieren. Eine Bluttransfusion von frischem Vollblut oder Thrombozyten-reichem Plasma kann eine geringe Zahl Thrombozyten in den Körper bringen. Es werden ca. 500 ml Blut benötigt, um die Thrombozytenzahl eines 10 kg schweren Hundes um 30.000/µl Blut zu steigern. Dennoch kann mit einer kausalen Therapie der Grunderkrankung (meist immunmediiert, eine disseminierte intravasale Gerinnung oder Blutparasiten) die Thrombozytenzahl über wenige Tage gesteigert werden. In diesem Zeitraum muss versucht werden, den Hund bei einem Absinken des Hkt mit Transfusionen am Leben zu erhalten. Die Wirkung von Aspirin kann durch die Gabe von Desmopressin vermindert werden.

Sekundäre Hämostasestörung

Grundsätzlich besteht die Therapie einer sekundären Gerinnungsstörung in der Zufuhr von Gerinnungsfaktoren durch Bluttransfusionen von frischem Vollblut oder frisch gefrorenem Plasma. Dazu wird meist eine Menge von ca. 40 ml Vollblut oder 20 ml Plasma pro kg KGW benötigt. Bei einer Rattengiftvergiftung reicht oft die Therapie mit Vitamin K aus. Innerhalb von ca. 12 h kommen so die Blutungen zum Stehen. Allerdings kann es auch hier nötig werden, bei starken Blutungen mit Plasma oder Vollbluttransfusionen zu arbeiten.

In manchen Fällen von Blutungen, wie z. B. bei diffusen traumatischen Blutungen, kann versucht werden, mit Thrombolyse-Inhibitoren wie z. B. Tranexamsäure die Blutung zum Stehen zu bringen. Dieses Medikament fördert zwar nicht die Gerinnung, sorgt aber dafür, dass Gerinnsel nicht abgebaut und damit länger erhalten bleiben.

PRAXISTIPP

Tranexamsäure kann bei funktionierender Gerinnung helfen, diffuse Blutungen zu stoppen.

3.5 Fraktur

Häufig gehen Verletzungen, die im Notdienst vorgestellt werden, mit Frakturen einher. Diese entstehen meist infolge eines größeren Traumas, aber ebenfalls bei kleinen Traumata wie dem Springen vom Sofa oder auch beim Rennen und Spielen. Auch bei einer offensichtlichen Fraktur sollte zuerst der gesamte Patient untersucht werden, um weitere Verletzungen auszuschließen. Mehr dazu ist im ▶ Kap. 3.7 „**Polytrauma**“ zu finden. Durch die Fraktur selbst kann es auch zu systemischen Abweichungen kommen. Dazu zählt vor allem eine Steigerung der Herz- und Atemfrequenz sowie des Blutdrucks aufgrund der Schmerzen.

Die verletzten Tiere sollten möglichst zügig zum nächsten Tierarzt transportiert werden. Beim Transport ist es ratsam, Manipulationen weitestgehend zu vermeiden. Auf stabilisierende Verbände sollten Laien vorerst verzichten, da das Anlegen sehr schmerzhaft sein kann und das Verletzungsrisiko für das Hilfspersonal als hoch eingeschätzt wird.

3.5.1 Diagnostik

Telefontriage

Bereits im Rahmen der Telefontriage können wichtige Abweichungen erfragt werden. Hier sollte der Fokus neben den offensichtlichen Verletzungen auf der Beurteilung der Atmung und des Kreislaufs liegen. Ebenso ist es von besonderem Interesse, den Besitzern den Selbstschutz nahezulegen. Betroffenen Hunden und Katzen sollte nicht ins Maul gegriffen werden. Auf potenziell schmerzhafte Manipulationen ist zu verzichten. Es ist vorteilhaft, zum Schutz der Besitzer und später der Klinik- bzw. Praxismitarbeiter, traumatisierten Hunden einen Maulkorb anzulegen oder sie je nach Größe in eine Decke einzuwickeln.

Triage

Bereits während der Triage ist auf systemische Effekte wie Kreislaufbeeinträchtigungen, Atmung und Schmerzen zu achten. Bitte lassen Sie auch hier Vorsicht walten, um vom schmerzhaften Patienten nicht gebissen zu werden.

PRAXISTIPP

- Patienten mit Frakturen müssen immer **komplett** untersucht werden, um zusätzliche Abweichungen zu erkennen.
- Achten Sie beim Handling mit Frakturpatienten stets auf Ihren **Selbstschutz**.

Basislabor

Auch bei Frakturpatienten sollte eine initiale Notfalllaboruntersuchung durchgeführt werden. Oft sinkt durch Blutungen der Hkt sowie das TP. Von diesen Parametern sollten bereits bei der Ankunft die Ausgangswerte ermittelt werden. Infolge von Schock und Hypoperfusion kann es zur Verminderung der Nierendurchblutung und damit zur Nierenschädigung kommen. Daher sollte die Notfalllaboruntersuchung auch zumindest die Nierenparameter Harnstoff und Kreatinin enthalten.

Erkennen der Fraktur

Eine Fraktur ist im Röntgen am sichersten zu erkennen und zu charakterisieren. Dennoch sollte gerade bei der Erstuntersuchung die **klinische Diagnostik** im Vordergrund stehen.

Das frakturierte Bein wird meist nicht oder kaum belastet. Bei der **Palpation** sind Schwellungen auffällig. Zudem ist auf Verletzungen der Haut zu achten. Sobald die Haut über der Fraktur durch von innen herausstehende Knochenteile verletzt ist, spricht man von einer **offenen Fraktur**. Diese muss aufgrund des Infektionsrisikos schneller versorgt werden als eine geschlossene Fraktur. Klinisch ist eine Fraktur definitiv an der **Krepitation**, also an Reibegeräuschen bzw. dem Knirschen bei Bewegung der Frakturenden zu erkennen. Wenn dies vorhanden ist, ist die Diagnose auch ohne Röntgen gestellt. In diesen Fällen kann das Röntgten zu einem späteren Zeitpunkt vor der endgültigen Versorgung erfolgen. Sollte keine Krepitation vorhanden sein, empfiehlt sich zur Diagnostik eine **Röntgenuntersuchung** der betroffenen Region.

3.5.2 Therapie

Analgesie

Eine der ersten Notfallmaßnahmen stellt eine adäquate Analgesie dar. Bereits nach der Triage sollte aus diesem Grund ein stark wirksames Analgetikum wie z. B. ein schnell wirksames Opioid (Methadon, Fentanyl) verabreicht werden. Bei intaktem Kreislauf und adäquater Nierenfunktion können zusätzlich nichtsteroidale Antiphlogistika (NSAIDs) verbreicht werden. Als alleinige initiale Analgesie sind diese wenig geeignet, da bis zum Wirkungseintritt mehrere Minuten bis Stunden vergehen können.

BEACHTE
Bei jedem Frakturpatienten sollte eine frühe, ausreichende Analgesie z. B. mit Opioiden erfolgen.

Stabilisierung der Fraktur

Die wenigsten Frakturen müssen unmittelbar operiert werden. Meist ist genügend Zeit, den Patienten analgetisch zu versorgen, eine Kreislaufstabilisierung durchzuführen sowie nach Begleitverletzungen zu suchen. Alleinig offene Frakturen sollten innerhalb weniger Stunden operativ versorgt werden.

Dennoch sollte versucht werden, auch geschlossene Frakturen zügig zu versorgen und bis dahin extern zu stabilisieren. Diese Stabilisierung ist aus mehreren Gründen sinnvoll: Zum einen entstehen durch das Aneinanderreiben der Frakturenden immer wieder starke Schmerzen. Zum anderen schädigen bzw. zerstören die scharfen Knochenenden durch die Bewegung das umliegende Gewebe noch stärker.

Eine externe Stabilisierung eignet sich nur bei **Frakturen der distalen Gliedmaßen** wie Radius und Tibia. Sie kann durch einen Verband wie z. B. den **Robert-Jones-Verband** oder einen Schienenverband erfolgen. Einen Robert-Jones-Verband charakterisiert die doppelte Verbandstechnik mit viel Polstermaterial. Hierbei wird zuerst ein lockerer Verband bestehend aus einer Watte- und einer Bindenschicht an der betroffenen Gliedmaße angelegt. Im Anschluss erfolgt das Anlegen eines weiteren, etwas strafferen Stützverbandes über dem ersten Verband, ebenfalls aus einer Watte- und einer Bindenschicht bestehend (▸ Abb. 3-27). Zu beachten ist, dass die beiden benachbarten Gelenke (proximal und distal) in den Verband mit einbezogen werden sollten, um die Fraktur besser zu stabilisieren.

Beim Anlegen ist auf eine effektive Analgesie zu achten. Es kann vor allem bei Katzen auch sinnvoll sein, die Tiere zum Verbandanlegen zu sedieren.

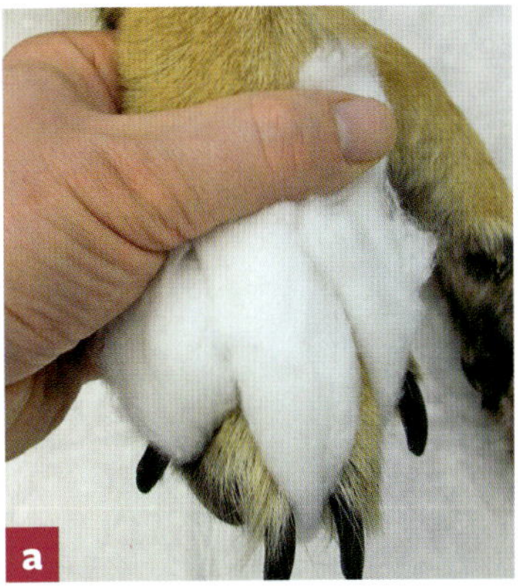

Abb. 3-27 Schrittweises Anlegen eines Robert-Jones-Verbandes bei einem Hund.
a Polsterung der Zehen,
b erste Watteschicht, locker gewickelt
c erste Bindenschicht, locker gewickelt
d zweite Watteschicht, straffer gewickelt
e zweite Bindenschicht, straffer gewickelt

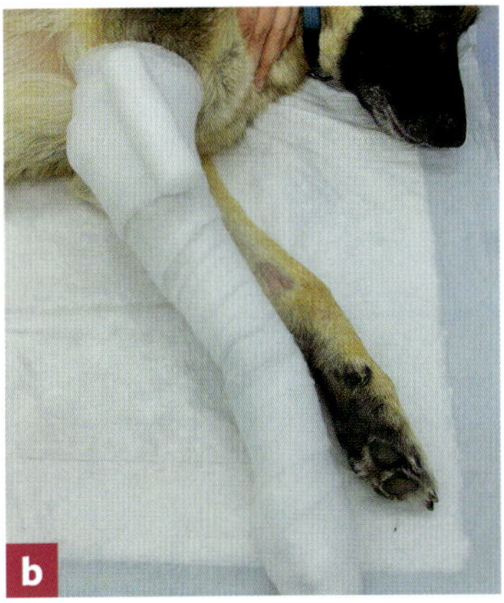

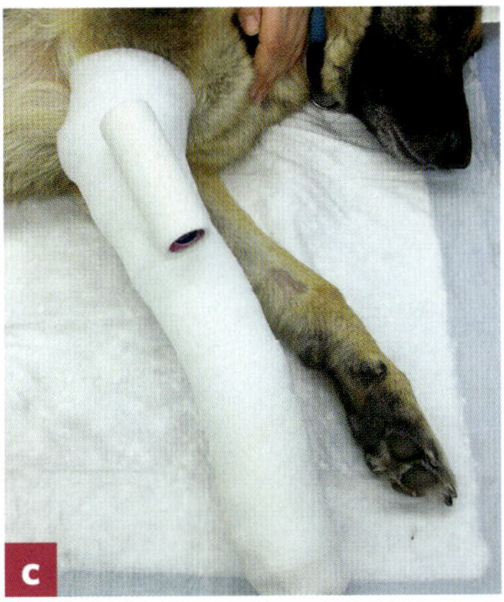

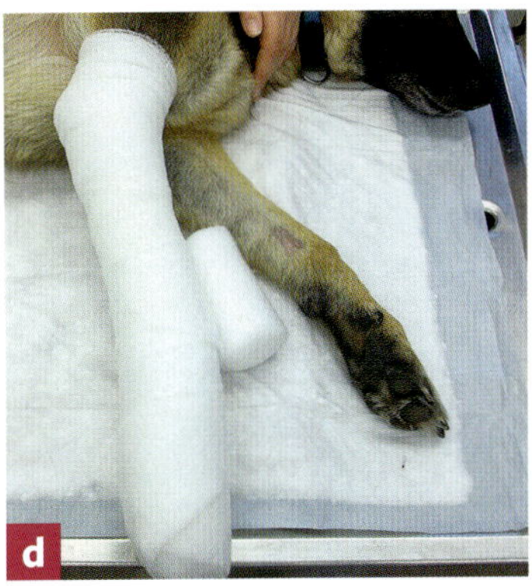

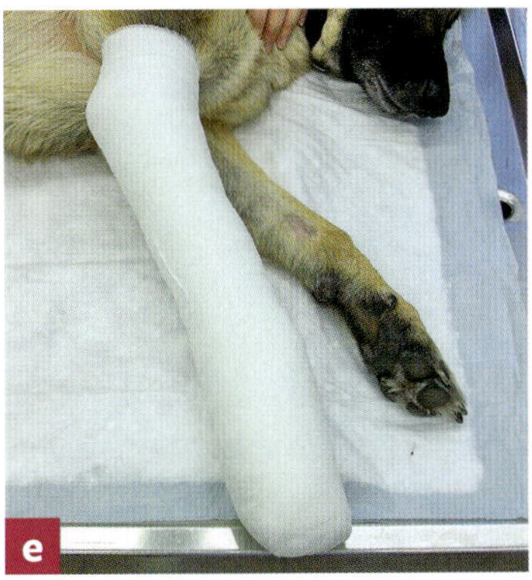

Frakturen der proximalen Gliedmaßen wie Humerus und Femur sind durch die großen Muskelmassen oft nur schlecht mit einem Verband zu stabilisieren. Diese sollten daher nicht extern stabilisiert werden. Stattdessen sind die Tiere insgesamt ruhig zu stellen und möglichst wenig zu manipulieren. Am besten bleiben die Tiere bis zur endgültigen Versorgung in einer Box bzw. einem Käfig und werden nur zum Urin- und Kotabsatz bzw. für wichtige medizinische Maßnahmen aus der Box herausgeholt.

BEACHTE

Schmerzhafte Maßnahmen sollten insbesondere bei Traumapatienten nicht in der Box erfolgen, da dort mit mehr Abwehrbewegungen zu rechnen und das Risiko von Bissverletzungen erhöht ist. Stattdessen sollte die Manipulation außerhalb der Box z. B. auf dem Behandlungstisch unter optimaler Analgesie und Selbstschutz erfolgen.

Beim erstversorgten Frakturpatienten sollte anschließend, wenn nötig, weitere Diagnostik angeschlossen werden, um zu entscheiden, ob eine chirurgische Versorgung der Fraktur oder ein konventionelles Management mit Castverbänden erfolgt.

3.6 Bissverletzung

Bei Bissverletzungen kommt es durch die meist spitzen Zähne zu sehr tiefen Verletzungen, wobei Bakterien der Maulflora bis tief in das Gewebe eingebracht werden.

Zudem erfolgt durch das Kopfschütteln des beißenden Tieres oft eine weitreichende Zerreißung des unter dem Einbiss liegen Gewebes. Gerade dieser Zusammenhang zwischen subjektiv oft sehr kleinen Hautverletzungen, aber großem darunterliegenden Gewebetrauma mit Eintrag von Bakterien, macht Bissverletzungen tückisch.

3.6.1 Diagnostik

Triage

Im Rahmen der Triage wird auf systemische Effekte der Verletzung geachtet.

Bei Bissverletzungen im **Halsbereich** können Zerreißungen der Trachea oder Schwellungen und Blutungen im Rachenbereich vorhanden sein. In diesen Fällen sollte ggf. vorhandenes Blut abgesaugt bzw. die Schwellung durch Intubation, tracheale Sauerstoffverabreichung oder Tracheotomie umgangen werden (▶ Abb. 3-12, ▶ Kap. 3.1.2).

Insbesondere wenn die Verletzung im **Thoraxbereich** liegt, ist eine Beeinträchtigung der Atmung möglich. Durch den Einbiss kann es zur Verletzung von Rippen, Gefäßen oder der Pleura mit der möglichen Folge eines Hämo- oder Pneumothorax kommen. Falls also bei der Triage eine erhöhte Atemfrequenz oder Atemarbeit auffallen, sollte an Thoraxverletzungen gedacht werden. In diesen Fällen sind die Sauerstoffapplikation sowie eine Thorakozentese oft hilfreich.

Bei Bissverletzungen im **Kopfbereich** muss ebenso eine neurologische Untersuchung erfolgen (▶ Kap. 3.8 „Schädeltrauma“).

Durch die Verletzung kann es zu **starken Blutungen** kommen, wenn z. B. eine Arterie oder große Vene betroffen ist. Diese können meist in der Triage direkt erkannt werden. Einige Patienten mit Bissverletzungen sind auch im hypovolämischen Schock und sollten einer Schocktherapie unterzogen werden (▶ Kap. 3.2).

Zudem ist bereits in der Triage auf **Schmerzen** zu achten und diese sind anschließend durch Opioide zu therapieren.

Weiterführende Diagnostik

Je nach Lokalisation der Verletzung sollten weitere Untersuchungen erfolgen. Eine **Basislabordiagnostik** mit Hkt, Nierenwerten und Leukozytenzahl ist bei jedem verletzten Patienten sinnvoll. Bei Verletzungen am Thorax bzw. an den Gliedmaßen können mittels **Röntgenuntersuchung** ein Pneumothorax und Frakturen erkannt werden. Befindet sich die Bissstelle an den Gliedmaßen, sind häufig Lufteinschlüsse im

Gewebe zu sehen, die aufzeigen, wie tief die Verletzung in das Gewebe hineinreicht. Oft ist das Ausmaß der Verletzung aber noch weit größer. Bei Verletzungen des Abdomens kann sowohl die Röntgen- als auch die Ultraschalluntersuchung weiterhelfen. Die Anwendung liegt im Ermessen des behandelnden Tierarztes. Beide Techniken können sowohl Luft- als auch Flüssigkeitsansammlungen sichtbar machen.

Zur Eruierung der **Tiefe einer Verletzung** kann diese sondiert werden. Dies beinhaltet allerdings das Risiko, Bakterien von außen tiefer in die Wunde zu verbringen. Daher wird empfohlen, sondierte Wunden nachfolgend chirurgisch zu versorgen.

Ist der **Schädel** von einer Bissverletzung betroffen, bringt eine Röntgenuntersuchung meist nur wenige zusätzliche Informationen. Diese Patienten sollten bei schweren Verletzungen zur weiteren Abklärung einem CT oder MRT unterzogen werden.

3.6.2 Therapie

Entfernung von geschädigtem Gewebe

Jede Bissverletzung sollte zur Beurteilung des Umfangs ausgeschoren und nachfolgend desinfiziert werden. Ziel der Therapie einer Bissverletzung ist es, neben der Analgesie möglichst den Umfang der Gewebeschädigung zu erkennen und das betroffene Gewebe zu entfernen. Dies ist notwendig, da das geschädigte Gewebe nekrotisch wird, weitere Entzündungsmediatoren freisetzt und so ein systemisches Entzündungsreaktionssyndrom (SIRS) hervorrufen kann. Zudem stellt geschädigtes Gewebe einen guten Nährboden für Bakterien dar und begünstigt die Entstehung einer Sepsis. Im Optimalfall sollte jede Verletzung chirurgisch exploriert und dabei das geschädigte Gewebe entfernt werden. Sehr kleine Verletzungen werden gelegentlich auch konventionell versorgt, das heißt, nach der Wundreinigung werden die betroffenen Bereiche ruhig gehalten, die Tiere analgetisch und ggf. antibiotisch behandelt. Bei flachen Wunden kann eine gewebeverträgliche, desinfizierende Lösung wie hypochlorige Säure zur Spülung verwendet werden. Von einer Spülung mit Octenisept® wird dringend abgeraten. Diese Spüllösung kann in Wunden zu massiven Schwellungen und Gewebsverletzungen führen. Die Tiere mit konventionellem Management sollten gut überwacht werden. Sobald Anzeichen einer Verschlechterung, Schwellung oder Sepsis vorhanden sind, ist auch bei diesen Wunden eine chirurgische Versorgung ratsam.

BEACHTE

Bei Bissverletzungen ist der tiefliegende Gewebeschaden oft deutlich größer als die oberflächliche Einbissstelle.

Weiteres Vorgehen

Im Rahmen des Managements der Verletzung ist für eine optimale **Perfusion des Gewebes** zu sorgen. Dies kann über eine Infusionstherapie des Patienten erfolgen. Zudem empfiehlt es sich, die betroffene Körperregion ruhig zu stellen. An den Gliedmaßen eignen sich **Verbände** dafür sehr gut. Diese sollten allerdings regelmäßig, also anfangs mindestens einmal täglich, gewechselt und die Einbissstelle kontrolliert werden.

Bisher werden Bissverletzungen in der Tiermedizin mit einem **Breitspektrum-Antibiotikum** wie Amoxicilin oder Clindamycin therapiert. Dies erscheint sinnvoll, da die Maulflora von Tieren oft eine große Anzahl diverser Bakterienarten enthält, welche tief ins Gewebe eingebracht werden. Im Rahmen der europäischen Harmonisierung der Antibiotikatherapie kann es sein, dass Antibiotika in Zukunft nur noch bei mit Antibiogramm nachgewiesener Infektion verwendet werden dürfen.

3.7 Polytrauma

Oft führen Unfälle zu Verletzungen an mehreren Körperregionen. Dieser Zustand wird als Polytrauma bezeichnet. Die Ursachen können unterschiedlich und vielfältig sein. Neben Autounfällen können Fenstersturz, Wildschweinverletzungen, Schussverletzungen sowie Verletzung durch andere Tiere wie Pferde und Rinder zu Polytraumata führen.

In vielen Fällen sind die Schäden am Patienten so vielfältig, dass am Anfang nicht klar ist, welches die lebensbedrohlichste Abweichung ist. Häufig sind die offensichtlichen äußeren Verletzungen weniger schwerwiegend als die inneren Verletzungen. Daher ist eine koordinierte, zügige Einschätzung des Patienten und Beurteilung der einzelnen Körperregion besonders essenziell.

3.7.1 Diagnostik

Triage

Die Triage nimmt beim Polytrauma einen hohen Stellenwert in der Erstbeurteilung ein. Die Atemwege können durch Schwellungen und Hämatome verlegt sein. Die Atmung kann durch Lungenblutungen oder einen Pneumothorax in Mitleidenschaft gezogen sowie der Kreislauf im hypovolämischen Schock befindlich sein. Diese Abweichungen müssen, wie in den vorangehenden Kapiteln beschrieben, zügig therapiert werden (▶ Kap. 3.1 und ▶ Kap. 3.2).

Koordinierte Zweituntersuchung

Falls der Patient sich in der Triage als stabil herausstellt oder während der Stabilisierung etwas Zeit bleibt, sollte zügig eine gründlichere Zweituntersuchung vorgenommen werden. Diese wird nach dem „**A CRASHPLAN-Schema**" durchgeführt. Hierbei steht jeder Buchstabe für eine Körperregion:

A Airway (Atemwege)
C Circulation (Zirkulation)
R Respiration (Atmung)
A Arteries (Arterien)
S Spine (Wirbelsäule)
H Head (Kopf)
P Pelvis (Becken) + Pain (Schmerzen)
L Limbs (Gliedmaßen)
A Abdomen (Bauch)
N Nerves (Nerven)

Jede Region wird zumindest klinisch evaluiert. Diese Untersuchungen sollten innerhalb weniger Minuten durchgeführt werden. Sie helfen, sich im Chaos des Polytraumas zurechtzufinden. Danach wird entschieden, ob labordiagnostische oder bildgebende Maßnahmen sinnvoll sind. Zeitgleich oder anschließend werden die notwendigen Therapien durchgeführt.

A Airway (Atemwege)

Die Atemwege wurden im Rahmen der Triage bereits beurteilt.

C Circulation (Zirkulation)

Viele Polytraumapatienten befinden sich im hypovolämischen Schock. Dieser stellt sich typisch mit blassen Schleimhäuten, verlängerter KFZ, hoher Herzfrequenz, schwachem Puls, eingeschränktem Bewusstsein und kühlen Gliedmaßen dar. Durch die Gewebezerstörung kann es infolge der Freisetzung von Entzündungsmediatoren auch zum distributiven Schock kommen (▶ Kap. 3.2).

R Respiration (Atmung)

Bei ca. 50–70 % der Polytraumapatienten ist der Thorax betroffen. Typische Veränderungen der Atmung, die dadurch hervorgerufen werden, sind Polypnoe und Dyspnoe durch Pneumothorax, Hämothorax oder Rippenfrakturen. Durch Auskultation, Perkussion und Palpation der Rippen können in diesem Bereich Veränderungen festgestellt werden. Bei stabilen Patienten bietet sich eine Röntgenuntersuchung an. So können Lunge und Rippen in zwei Ebenen dargestellt und besser beurteilt werden. Falls bei der klinischen Untersuchung bereits Auffälligkeiten festgestellt werden, die für Lungenverletzungen sprechen, sollte bereits vor dem Röntgen eine Therapie mit O_2 und ggf. eine Thorakozentese erfolgen.

Eine Sonderform der Thoraxverletzungen ist das **„Flail Chest“-Syndrom.** Dieses tritt bei Rippen-Serienfrakturen auf und ist durch die Bewegung des geschädigten Segmentes entgegen der Bewegung des restlichen Thorax gekennzeichnet. Dabei sind oft nicht nur die Rippen, sondern auch das darunterliegende Gewebe geschädigt.

A Arteries (Arterien)

Arterielle und auch starke venöse Blutung können akut lebensbedrohlich sein und müssen schnell gestoppt werden. Es ist daher wichtig, die Blutungsherkunft genau zu lokalisieren, um über die geeignete Behandlung entscheiden zu können. Leider kommen die betroffenen Tiere aufgrund des hohen Blutverlustes oft nicht mehr lebend in der Praxis an.

S Spine (Wirbelsäule)

Frakturen der Wirbelsäule können sich durch Manipulationen verlagern und damit zur Lähmung des Patienten führen. Diese sollten daher ebenfalls zügig erkannt werden. Initial wird durch Adspektion der Wirbelsäule geschaut, ob Abweichungen der Achse vorhanden sind. Ist dies nicht der Fall, erfolgt eine oberflächliche Palpation der Knochenpunkte von vorn nach hinten. Dabei wird auf Schwellungen und die korrekte Position der Knochenpunkte geachtet. In der anschließenden tiefen Palpation mit etwas mehr Druck wird ebenfalls auf Schwellungen, aber auch auf Krepitationen und Schmerzen geachtet. Nicht ansprechbare oder komatöse Tiere sollten bei feststellbaren Veränderungen auf einer festen Unterlage gelagert und fixiert und nur wenig manipuliert werden. Bei wachen Tieren ist aufgrund der Abwehrbewegungen eine Lagerung nicht möglich. Dennoch sollte weitestgehend auf Manipulationen verzichtet werden. Später, nach der Stabilisierung des gesamten Patienten, ist ein Röntgen oder CT sinnvoll, um auch geringe Abweichungen der Wirbelsäule zu erkennen.

H Head (Kopf)

Ca. 35 % der Traumapatienten weisen eine Beteiligung des Kopfes oder des Halses auf. Insbesondere das Schädeltrauma stellt eine Herausforderung an die Notfallmedizin dar. Näheres dazu ist im ▶ Kap. 3.8 zu finden.

P Pelvis (Becken) + Pain (Schmerzen)

Das **Becken** sollte auf Stabilität und Frakturen untersucht werden. Dazu eignet sich ein gezielter Druck mit 3 Fingern auf Darmbeinschaufel, Trochanter major und Sitzbein gleichzeitig. Die Finger sollten dabei ein

Dreieck bilden, wobei jeder Finger auf einen der genannten drei Punkte Druck ausübt (▶ Abb. 3-28 und ▶ Abb. 3-29). Bei Abweichungen und Krepitationen sowie Schmerzen liegt vermutlich eine Beckenfraktur vor.

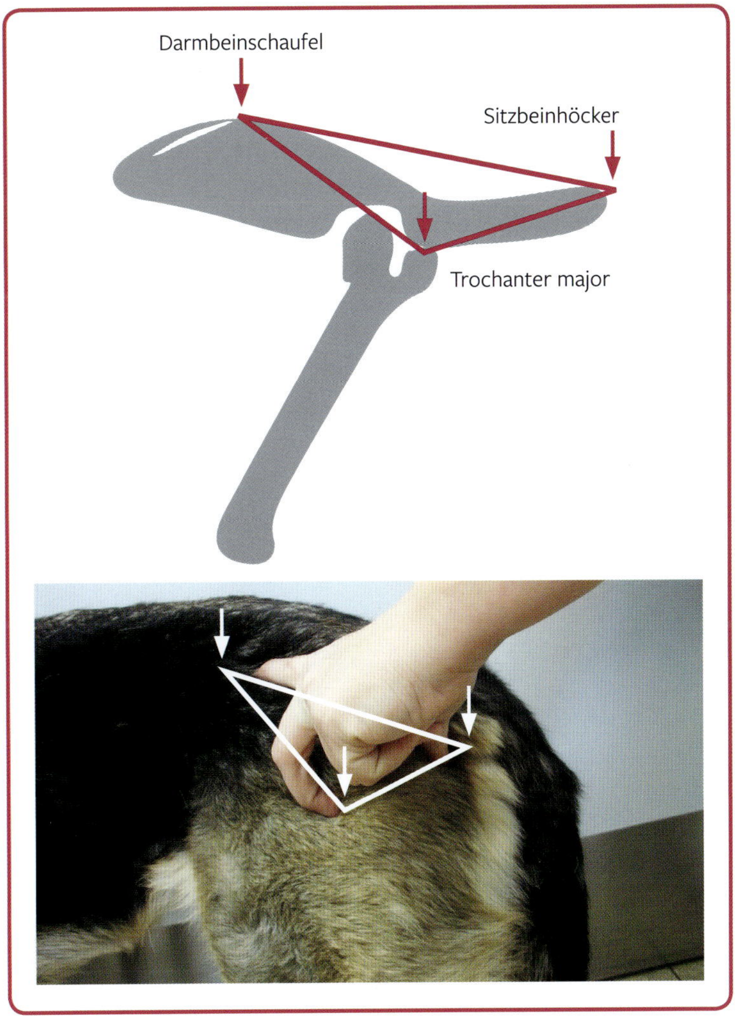

Abb. 3-28 Schema für die Untersuchung der Knochenpunkte des Beckens. **Beachte:** Die Finger bilden ein Dreieck zwischen Darmbeinschaufel, Trochanter major und Sitzbeinhöcker.

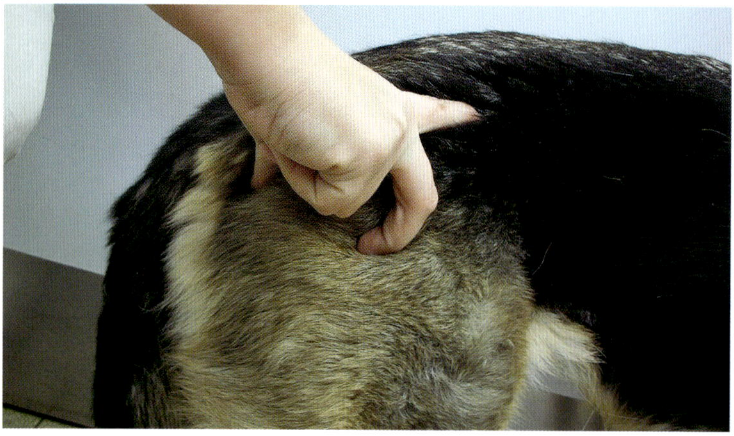

Abb. 3-29 Untersuchung der Knochenpunkte des Beckens bei einem Hund

Sehr früh in der Beurteilung der Patienten sollten zudem auch **Schmerzen** erkannt werden.

L Limbs (Gliedmaßen)

Die Gliedmaßen sind auf Verletzungen und Krepitationen als Hinweise auf Frakturen zu untersuchen.

A Abdomen (Bauch)

Das Abdomen kann durch **spitze Traumata** wie Stöcke oder Schussverletzungen perforiert sein. In diesen Fällen besteht ein hohes Risiko für eine Perforation des MDT.

Beim **stumpfen Trauma** besteht vor allem das Risiko von Blutungen der parenchymatösen Organe. Die Aufgabe der Notallmedizin ist hier, die Blutung zu identifizieren und ggf. zu stoppen. Klinisch ist bei abdominalen Blutungen zum Teil ein Hämatom im Bereich des Nabels auffällig. Im Röntgen ist ab einer ausgetretenen Blutmenge von 12 ml/kg KGW ein Detailverlust festzustellen. Bei einer Punktion des Abdomens in der Nähe vom Nabel können Blutungen ab ca. 10 ml/kg KGW erkannt werden. Dazu wird das Abdomen vorn rechts, vorn links, hinten rechts und hinten links punktiert (▸Abb. 3-30).

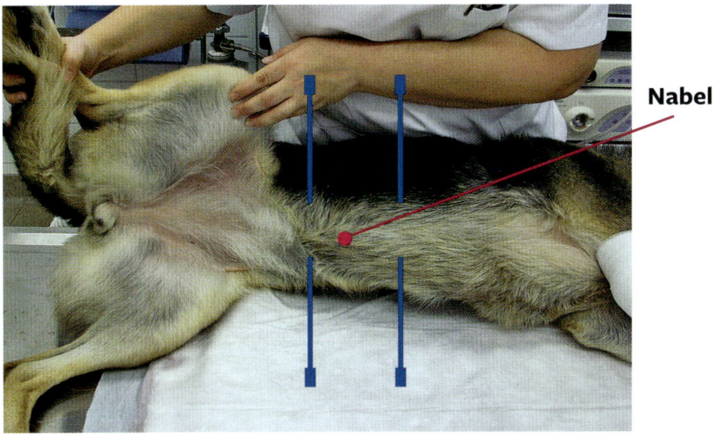

Abb. 3-30 Vier-Quadranten-Punktion des Abdomens eines Hundes zur Detektion freier Flüssigkeit

Eine sensitivere Methode für die **Detektion freier Flüssigkeit** ist die **fokussierte Ultraschalluntersuchung des Abdomens**. Dazu wird der Schallkopf ohne Scheren des Fells mit Alkohol als Kontaktmittel an vier Stellen (Leber, Blase, rechte und linke Flanke) aufgesetzt und freie Flüssigkeit gesucht. Diese Untersuchung sollte nach ca. 1 min abgeschlossen sein. Falls an mehr als zwei Stellen Flüssigkeit nachgewiesen wurde, handelt es sich um eine relevante Menge. Als Verlaufskontrolle kann die Untersuchung beliebig, z.B. stündlich, wiederholt werden.

Eventuell vorhandene Flüssigkeit sollte punktiert werden. Ist diese rot gefärbt, wird beobachtet, ob sie gerinnt. Wenn eine Gerinnung stattfindet, wurde ein Gefäß oder Organ punktiert. Gerinnt sie nicht, steht die Flüssigkeit bereits eine Zeit lang im Abdomen. Im Anschluss wird der Hkt der Flüssigkeit bestimmt. Ist dieser genauso hoch wie im Blut oder höher, handelt es sich um ein **Hämoabdomen**. Nun muss geklärt werden, ob die Blutung steht.

Dies kann anhand der Ultraschallkontrolle oder von Umfangsmessungen des Abdomens auf Höhe des Nabels subjektiv evaluiert werden. Des Weiteren kann eine serielle Hkt-Messung in Aszites (Flüssigkeit aus dem Abdomen) und Blut zum selben Zeitpunkt ca. alle 1–2 h erfolgen. Sinkt der Hkt im Abdomen zugleich mit dem Hkt im Blut ab, ist die abdominale Blutung nicht zum Stehen gekommen. Bleibt der Hkt im Abdomen stabil, steht die Blutung. Diese Methode ist nach Transfusionen leider nicht mehr anwendbar.

Urin im Abdomen (Uroabdomen) ist durch einen Kreatiningehalt gekennzeichnet, der mind. 2-mal höher als der Gehalt im Blut ist. Daher sollte bei Traumapatienten mit Aszites auch das Kreatinin aus dem Erguss bestimmt werden.

N Nerves (Nerven)

Zu guter Letzt werden die peripheren Reflexe und Nerven beurteilt. Dabei ist zu beachten, dass bei Patienten mit starker Hypothermie oder im Schock die Reflexe deutlich vermindert sein können oder zum Teil sogar fehlen. Daher sollten Entscheidungen, die aufgrund der verminderten Reflexe gefällt werden, gut durchdacht werden und im Zweifelsfall nach Stabilisierung der Patienten die neurologische Untersuchung wiederholt werden.

BEACHTE

Bei einem Polytrauma muss immer der gesamte Patient untersucht werden. Das A CRASHPLAN-Schema kann dabei sehr helfen.

3.7.2 Therapie

Im Folgenden werden auszugsweise Notfalltherapieoptionen des A CRASHPLAN-Schemas angesprochen. Selbstverständlich sind je nach Präsentation und Befunden auch andere Therapieoptionen möglich.

A Airway (Atemwege)

Bei Problemen in den Atemwegen muss über eine Trachealkanüle, eine orotracheale Sauerstoffsonde oder durch Intubation die Sauerstoffversorgung sichergestellt werden (▶ Kap. 3.1.2).

C Circulation (Zirkulation)

Eine Schocktherapie bei Polytraumapatienten folgt aufgrund des Risikos für das Aufbrechen von Blutungen dem Konzept der **hypotensiven Schocktherapie**. Hierzu wird als erstes der Blutdruck gemessen. Der MAP sollte in den ersten 4–6 h nach dem Trauma bei ca. 60 mmHg liegen. Systolisch werden Werte von 80–90 mmHg angestrebt. Falls keine Blutdruckmessung zur Verfügung steht, wird der periphere Puls, z.B. an der A. dorsalis pedis, palpiert. Ist der Puls gut fühlbar, liegt der Blutdruck über dem angestrebten Bereich. Ist der Puls nicht palpabel oder liegt der MAP unter 60 mmHg, sollte eine vorsichtige Schocktherapie mit 10–15 ml Vollelektrolytlösung/kg KGW erfolgen. Ziel ist es, die Vitalparameter zu verbessern, aber nicht zu normalisieren. Ist das Ziel erreicht, wird keine weitere Infusion durchgeführt. Ist der Blutdruck noch immer zu niedrig, wird ein weiterer „Schockbolus“ verabreicht. Dies kann bis zu 4-mal wiederholt werden, bis der Blutdruck im Zielbereich liegt. Selbstverständlich sollten die Schockpatienten nach dem Bolus intensiv überwacht werden, um eine Verschlechterung, z.B. durch Blutungen frühzeitig mitzubekommen.

R Respiration (Atmung)

Wie schon für die Zweituntersuchung erwähnt, sollte bei Patienten mit Verdacht auf Lungenverletzungen bereits vor dem Röntgen eine Therapie mit O_2 und ggf. eine Thorakozentese erfolgen. Im Falle von Lungenblutungen sollte versucht werden, die Patienten vor der Durchführung von Anästhesien zu stabilisieren, das heißt für 2–3 Tage O_2 verabreicht und keine Anästhesie durchgeführt werden.

A Arteries (Arterien)

Eine Blutung an den **Gliedmaßen** kann durch einen Druckverband oder durch das Abbinden der Gliedmaße gestoppt werden. Um die Blutung mit einem Druckverband stillen zu können, muss der auf das blutende Gefäß ausgeübte Druck so stark sein, dass er den arteriellen Blutdruck übersteigt (▶ Abb. 3-31).

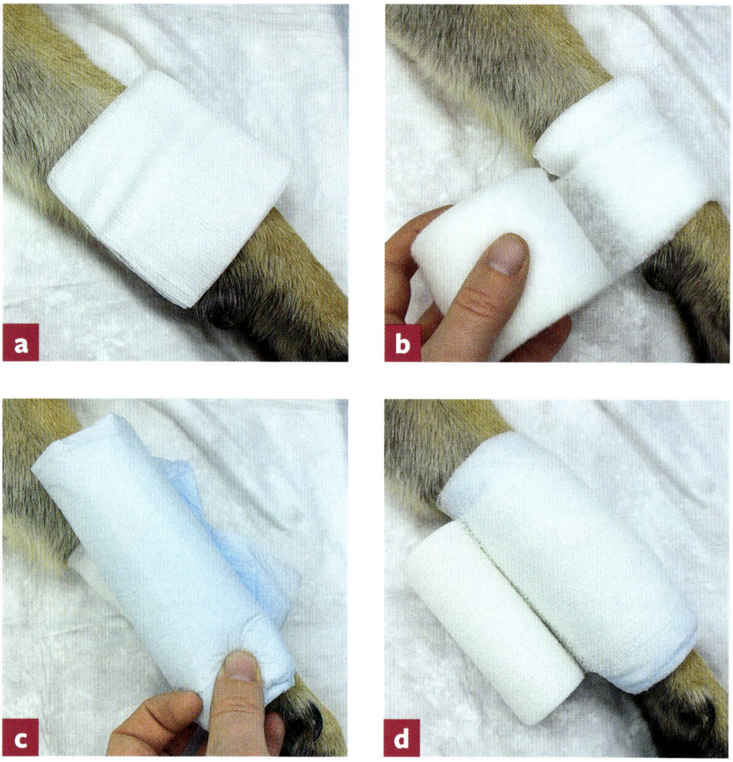

Abb. 3-31 Anlegen eines Druckverbands zur Stillung von Blutungen am Bein. Das Druckpolster sollte aus dickem, kaum saugfähigem Material bestehen.
a Anbringen der Wundauflage
b Anlegen der ersten Fixation
c Anlegen des Druckpolsters
d Anlegen der Druckbinde

Auch beim Abbinden muss der Druck auf das Gewebe die Höhe des Blutdrucks übersteigen. Blutungen am **Körperstamm** können durch Druck oder besser lokal durch das Abklemmen oder Abbinden des Gefäßes gestoppt werden. Anschließend muss das verlorengegangene Blutvolumen über Schockinfusionen oder Transfusionen ersetzt werden.

S Spine (Wirbelsäule)

Neben der Stabilisierung der Wirbelsäule durch einen Verband sollte eine zügige operative Versorgung der Wirbelfraktur ins Auge gefasst werden. In jedem Fall sollte eine optimale Analgesie mit Methadon, Fentanyl oder einer Methadon-Lidocain-Ketamin-Mischung als Dauertropf durchgeführt werden.

H Head (Kopf)

Näheres hierzu finden Sie im ▸ Kap. 3.8 „Schädeltrauma“.

P Pelvis (Becken) + Pain (Schmerzen)

Im optimalen Fall erhalten Polytraumapatienten bei der Erstuntersuchung ein Opioid wie Methadon oder Fentanyl zur Analgesie. Bei allen Polytauma- und stark schmerzhaften Traumapatienten kann auch zusätzlich Ketamin in subanästhetischen Dosen (niedriger als für eine Anästhesie) eingesetzt werden. Dazu wird ein Bolus von 1 mg/kg KGW i.v. verabreicht. Mit einer Analgesie ist bereits nach zwei Minuten zu rechnen. Da die Wirkung nach ca. 20–30 min abflacht, sollte Ketamin in geringen Dosen als Dauertropfinfusion weiter verabreicht werden.

L Limbs (Gliedmaßen)

Bei Veränderungen an den Gliedmaßen müssen Verletzungen ausgeschoren und desinfiziert, ggf. chirurgisch versorgt und Frakturen stabilisiert werden.

A Abdomen (Bauch)

Patienten mit perforiertem Abdomen müssen in den meisten Fällen innerhalb der nächsten sechs Stunden laparotomiert werden, um mögliche Verletzungen am MDT zu versorgen.

Es ist nur in wenigen Fällen nötig, ein traumatisches **Hämoabdomen** chirurgisch zu versorgen. Die meisten Tiere können konventionell, zum Teil mit (Auto-) Transfusionen behandelt werden. Zur Stillung von Blutungen aus parenchymatösen Organen kann auch der Thrombolyse-Inhibitor Tranexamsäure eingesetzt werden. Allerdings kann dieses

Medikament auch Erbrechen auslösen und sollte daher mit Maropitant prämediziert werden.

Die Tiere mit **Uroabdomen** können anfangs mit Harnkatheter und Abdominaldrainage versorgt werden, um den Urinabfluss herzustellen. Eine chirurgische Versorgung kann nach der Stabilisierung erfolgen. Oft verschließen sich kleinere Blasenrupturen, v.a. mit weniger als 1 cm Länge, innerhalb weniger Tage auch spontan unter Kathetermanagement.

N Nerves (Nerven)

Bei Nervenschädigungen muss versucht werden, die Ursache zu beheben. Dies ist meist eine Fraktur oder eine Kompression des Nerven durch Bandscheibenmaterial oder Blutungen. Zum Schutz von gelähmten Gliedmaßen können Hunden Verbände angelegt werden. Selbstverständlich ist insbesondere bei Nervenschädigung auf die Mobilität, den Kot- und Urinabsatz zu achten. Diese sollten durch Physiotherapie oder Kathetermanagement unterstützt werden.

3.8 Schädeltrauma

Bei ca. ⅓ der Unfälle sowie bei einigen Bissverletzungen kommt es zur Schädigung des Schädels. Hier ist das Wissen um die Entstehung und die Veränderungen entscheidend, um dem Patienten die optimalen Maßnahmen angedeihen lassen zu können.

Oft findet die **Schädigung des Gehirns** in **zwei Schritten** statt. Zuerst kommt es durch das Trauma zu Zerreißungen und Blutungen. Nachfolgend findet durch die Druckerhöhung und Minderdurchblutung, die Bildung von Sauerstoffradikalen und lokaler Entzündung eine zusätzliche Schädigung des Gehirns statt.

Einen besonderen Stellenwert bei einer Gehirnschädigung nimmt der **Hirndruck** (intrakranieller Druck) ein: Das Gehirn ist vom knöchernen Schädel umgeben. Bei zusätzlichen Raumforderungen im Schädel, wie z.B. Blutungen oder Ödeme, erhöht sich innerhalb der knöchernen Strukturen der Druck, dem das Gehirn nicht ausweichen kann. So kommt es ebenfalls zu einer Druckerhöhung im Gehirn selbst. Diese führt zur

Kompression der Gefäße und zur Minderdurchblutung, was eine weitere hypoxische Schädigung des Gehirngewebes nach sich zieht.

Zudem kann es durch den Druckanstieg zu einer **Gehirn-Herniation** kommen. Dabei fällt Hirngewebe in natürliche Öffnungen wie das Foramen magnum vor und wird dort abgequetscht. Infolgedessen kann es zum Atemstillstand und zum Tod des Patienten kommen.

Ziel der Notfalldiagnostik und Therapie ist es, Veränderungen des Gehirns zu erkennen und zügig und effektiv zu therapieren. Dabei sollte das Augenmerk nicht nur auf dem Kopf, sondern auf dem gesamten Patienten liegen.

3.8.1 Anamnese

In der Anamnese wird auch auf weitere Abweichungen geachtet. Daher ist die Frage, welches Trauma erfolgte und an welchen Körperbereichen das Trauma einwirkte, besonders wichtig. Selbstverständlich sollte auch nach Begleiterkrankungen und der bisherigen Medikation gefragt werden.

3.8.2 Diagnostik

Die Notfalldiagnostik umfasst, wie beim Polytrauma, die **Untersuchung des gesamten Patienten**. Dabei müssen neben den neurologischen Veränderungen vor allem Abweichungen des Kreislaufsystems und der Atmung erkannt und behandelt werden.

Für die Beurteilung des Schädels und der Gehirnfunktion wird eine klinische und neurologische Untersuchung durchgeführt.

Klinische Hinweise wie Bradykardie und Hypertension, Miosis oder Mydriasis deuten auf einen erhöhten Hirndruck hin. Auf ein Trauma des Schädels weisen neben offensichtlichen Verletzungen sich hebende Haut im Bereich der Stirnhöhlen, unter der Haut liegende knisternde Luft, Krepitation bei Palpation des Schädels sowie Blutungen aus Nase, Ohren oder Einblutungen in die Augen hin.

BEACHTE
Eine Bradykardie begleitet von einer Hypertension ist ein deutlicher Hinweis auf einen erhöhten Hirndruck.

Eine kurze **neurologische Untersuchung** gibt Hinweise auf die Funktion des Gehirns. Die Beurteilung der Gehirnfunktion anhand der Befunde wurde aus der in der Humanmedizin etablierten „Glasgow Coma Scale" abgeleitet (▶Tab. 3-3).

Tab. 3-3 Modifizierte Glasgow Coma Scale

Motorische Aktivität	Hirnstamm-reflexe	Bewusstsein	Punkte
normal	normaler Pupillar-Lichtreflex	phasenweise ungestörte Reaktion auf die Umwelt	6
Hemiparese, Tetraparese	verlangsamter Pupillar-Lichtreflex	verminderte Reaktion auf die Umwelt	5
Seitenlage, gelegentlich Extensoren-Spasmen	Bilateralie, nichtresponsive Miosis	semikomatös, responsiv auf optischen Stimulus	4
Seitenlage, permanent Extensoren-Spasmen	stecknadelkopfgroße Pupillen	semikomatös, responsiv auf akustischen Stimulus	3
Seitenlage, permanent Extensoren-Spasmen, Opisthotonus	unilaterale, nicht-responsive Mydriasis	semikomatös, responsiv auf schmerzhaften Stimulus	2
Seitenlage, verminderter Muskeltonus, verminderte Spinalreflexe	bilaterale, nicht-responsive Mydriasis	komatös, nicht-responsiv auf schmerzhaften Stimulus	1

Hierbei wird jeder der drei Kategorien (motorische Aktivität, Hirnstammreflexe und Bewusstsein) anhand der Befunde eine Punktzahl zugeordnet. Diese werden am Ende addiert und auf einer Skala von 3–18 Punkten eingeordnet. Dabei ist 18 der beste, 3 der schlechteste Wert. Diese Skala kann sowohl zur Initialbeurteilung als auch zur Verlaufskontrolle verwendet werden. Je schlechter die Werte sind, desto schlechter ist die Gehirnfunktion. Dies kann neben einer direkten Gehirnschädigung auch an einem gesteigerten Gehirndruck liegen.

Weitere Hinweise auf einen erhöhten Hirndruck geben **Herzfrequenz und Blutdruck**. Bei einem höheren Hirndruck steigt ebenfalls der Blutdruck an, was wiederum einen reflektorischen Abfall der Herzfrequenz zur Folge hat. Daher wird bei Patienten mit Schädeltrauma die Messung der Herzfrequenz und des Blutdrucks empfohlen.

Eine **Röntgenaufnahme** bringt nach Schädeltraumata sehr wenige Informationen. Stattdessen sollte bei stark betroffenen Patienten oder bei Tieren, die auf eine konventionelle Therapie nicht ansprechen, zu Schnittbildverfahren wie CT oder MRT gegriffen werden.

3.8.3 Therapie

Weist der Patient eine Atemnot auf, erfolgt die Gabe von O_2 und eine kausale Therapie. Bei Abweichungen des Kreislaufs muss eine adäquate Infusionstherapie durchgeführt werden. Selbstverständlich sollte auch eine Analgesie, vorzugsweise mit Opioiden, erfolgen. Da ein Schädeltrauma zu Veränderungen in der Durchlässigkeit der Blut-Hirn-Schranke führen kann, sollte initial mit geringeren Dosen (ca. 50 % der Standard-Dosis) begonnen werden.

Um das traumatisierte Gehirn optimal mit O_2 zu versorgen, gibt es mehrere therapeutische Ziele, die parallel verfolgt werden:

- Sauerstoffgabe
- Erhöhung des Blutdrucks und der Hirndurchblutung
- Verminderung des intrakraniellen Drucks
- Verminderung der Stoffwechselrate und des Sauerstoffverbrauchs

Sauerstoffgabe

Die Sauerstoffgabe sollte mit Mitteln erfolgen, die kein Niesen auslösen, da dieses den Hirndruck erhöhen würde. Am besten eignen sich demnach eine Sauerstoffmaske, ein Sauerstoffkragen oder die Sauerstoffbox.

Blutdruck

Der Blutdruck sollte optimal mit einer guten Infusionstherapie gesteigert werden. Eine Überwachung ist dabei sinnvoll. Der systolische arterielle Blutdruck sollte sich über 100 mmHg, der MAP über 80 mmHg befinden. Falls eine Infusionstherapie nicht ausreichend ist, kann auch zu Dobutamin und anderen Medikamenten gegriffen werden, welche die Herzauswurfleistung steigern.

Hirndruck

Ein erhöhter Hirndruck sollte zügig gesenkt werden. Falls also klinische Hinweise wie Bradykardie und Hypertension, Miosis oder Mydriasis auf einen erhöhten Druck hindeuten, können geeignete **drucksenkende Infusionen** verabreicht werden. Dazu zählen Mannitol und hypertone NaCl-Lösung (▶ Abb. 3-32). Diese hypertonen Lösungen ziehen aufgrund ihrer osmotischen Aktivität Flüssigkeit aus dem Gehirn und vermindern dadurch das Ödem und die neurologischen Symptome. Beide Lösungen sollten erst nach klarer Indikationsstellung in begrenzten Dosierungen verwendet werden.

Bei Patienten im Schock hat eine **hypertone NaCl-Lösung** den Vorteil, dass sie neben der Verminderung des Hirnödems zugleich das Gefäßvolumen schnell steigert und damit sowohl innerhalb weniger Minuten das Ödem als auch den Schock des Patienten therapiert. Leider wird diese Lösung schnell umverteilt und verliert damit innerhalb einer Stunde ihre Wirkung. Hypertone NaCl-Lösung sollte nach Möglichkeit nicht wiederholt verabreicht werden, da es dadurch zum Anstieg von Natrium und Chlorid im Plasma kommen kann und das Gehirn wiederum dehydriert. Dies kann Krämpfe und das Versterben des Tieres zur Folge haben. Sollte dennoch die Gabe von 7,5%iger NaCl-Lösung

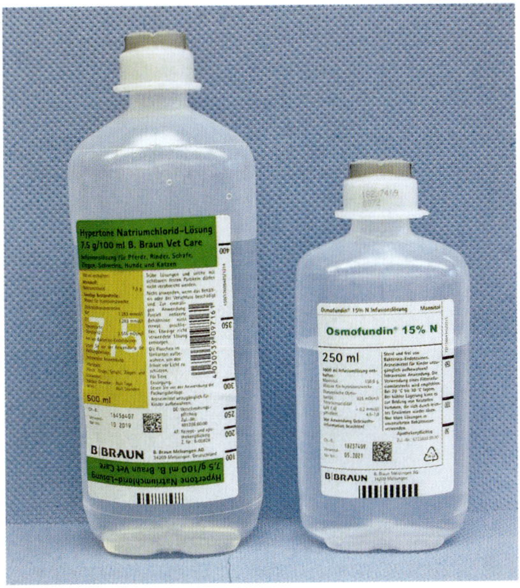

Abb. 3-32 Infusionslösungen zur Therapie eines erhöhten Hirndrucks: hypertone 7,5%ige Natriumchlorid-Lösung (links) und Mannitol-Lösung (rechts)

wiederholt werden, ist es ratsam, den Natriumgehalt im Blut zu messen. Maximal zulässig ist ein Anstieg von 10 mmol/l.

Mannitol wird über 20 Minuten i.v. infundiert und wirkt dann über ca. sechs Stunden hirndrucksenkend. Das Eintreten der Hauptwirkung ist innerhalb einer Stunde zu erwarten. Die Infusion kann daher alle sechs Stunden wiederholt werden. Allerdings sollte Mannitol nicht bei dehydrierten Patienten oder Patienten im Schock verwendet werden.

Bisher bestehen keine klaren Unterschiede in der Wirksamkeit beider Medikamente. Der Autor bevorzugt bei Traumapatienten zurzeit hypertone NaCl-Lösung aufgrund des gleichzeitigen positiven Effekts auf das Kreislaufsystem. Eine Kombination beider Medikamente ist durchaus auch möglich.

> **BEACHTE**
> Bei Patienten mit Schädeltrauma sollte alles vermieden werden, was den Hirndruck verstärken könnte. Dazu zählen
> - Zwangsmaßnahmen, die zu starken Abwehrbewegungen führen,
> - ein verminderter Blutabfluss vom Gehirn (z. B. durch Transport mit herunterhängendem Kopf, Blutentnahmen an der Jugularvene, zentralvenöse Katheter, straffe Halsverbände und
> - körperliche Prozesse, die den Hirndruck steigern können (z. B. Erbrechen, Husten, Niesen). Diese sollten mit Medikamenten kontrolliert und unterbunden werden.

Eine weitere Option ist der Einsatz von **Omeprazol** oder **Pantoprazol**. Diese vermindern die Produktion von Liquor. Leider dauert es einige Tage bis zum Eintritt dieses Effekts.

Stoffwechsel des Gehirns

Der Stoffwechsel des Gehirns kann vor allem durch Medikamente und Temperaturmanagement vermindert werden. Dies ist vor allem durch Barbiturate gewährleistet. Das sogenannte **Barbiturat-Koma** vermindert den Sauerstoffverbrauch des Gehirns, sodass Schäden weniger stark ausfallen. Das Problem dabei ist, dass zugleich die Vitalfunktionen wie Atmung, Blutdruck und Temperatur beeinflusst werden und der Patient intensiv überwacht und ggf. beatmet werden muss. Kaum eine Tierklinik kann diesen Aufwand leisten. Daher wird das Barbiturat-Koma in der Tiermedizin nur sehr selten angewandt.

Andere Sedativa wie Dexmedetomidin in sehr geringen Dosen oder Midazolam sind vor allem indiziert, wenn der Patient sich durch Koordinationsstörungen während der Anfälle selbst verletzen würde.

Beim Menschen wird teilweise eine **provozierte Hypothermie** von 32–34 °C über ca. zwei Tage nach dem Trauma angewandt, um durch den Temperaturabfall ebenfalls einen verminderten Sauerstoffverbrauch zu erreichen. Da auch die Hypothermie wie das Barbiturat-Koma mit

Anästhesie, Blutdruckabfall und Hypotension verbunden sein kann, wird diese Technik **in der Tiermedizin nicht angewandt**. Allerdings wird auch eine Hyperthermie vermieden. Praktisch wird empfohlen, Tiere mit Schädeltrauma, wenn sie kalt sind, aber kaum Kreislaufprobleme haben, nicht aktiv zu wärmen. Falls die Tiere zittern, kann natürlich ein Wärmen erfolgen, bis das Kältezittern stoppt.

Operation

Eine chirurgische Intervention nach einem Schädeltrauma sollte bei folgenden Gegebenheiten in Betracht gezogen werden:

- Bissverletzung
- Zustandsverschlechterung trotz medikamentellen Managements
- ausbleibende Besserung trotz medikamentellen Managements

Ein chirurgischer Eingriff hat vor allem die Dekompression zum Ziel, also die Entfernung eines Teils des knöchernen Schädels, sodass der intrakranielle Druck sinken kann.

In Ausnahmefällen, wie vor allem bei Hunden mit Hydrocephalus (Erweiterung der flüssigkeitsgefüllten Räume im Gehirn), kann auch die Punktion der Gehirnventrikel und die Entfernung eines Teils des Liquors erfolgversprechend sein.

Verschiedenes

Da es bei ca. 10 % der Hunde nach einem Schädeltrauma zur Entwicklung einer posttraumatischen **Epilepsie** kommt, wird die prophylaktische Gabe von Antiepileptika wie Phenobarbital empfohlen. Damit sollte bereits kurz nach dem Trauma gestartet werden.

Bei Bissverletzungen erscheint eine **Antibiose** und eine chirurgische Exploration der geschädigten Areale sinnvoll. Bei geschlossenen Schädeltraumata ist eine antibiotische Therapie nicht indiziert.

Der potenziell positive Effekt von **Kortison** ist bei Tieren mit Schädeltrauma nicht nachgewiesen. Stattdessen überwiegen die Nebenwirkungen wie Magen-Darm- und Nierenschädigungen. Daher hat Kortison keinen Platz in der Therapie des Schädeltraumas.

Überwachung

Der Schädeltraumapatient sollte intensivmedizinisch überwacht werden. Dazu zählen folgende klinische und labordiagnostische Parameter:

- Herz- und Atemfrequenz, Schleimhautfarbe, KFZ
- Blutdruck (> 80 mmHg MAP)
- Modified Glasgow Coma Scale
- Glukose
- Laktat
- Hkt
- TP/Albumin
- Harnstoff/Kreatinin
- Elektrolyte

Der **Glukosegehalt** im Blut sollte nicht zu hoch und nicht zu niedrig sein. Sowohl ein zu hoher als auch ein zu niedriger Gehalt kann Krämpfe begünstigen. Daher sollte bei Schädeltraumapatienten die Blutglukose alle 4–12 h überwacht und nur bei Hypoglykämie vorsichtig ausgeglichen werden. Eine Hyperglykämie sollte vermieden werden.

3.8.4 Prognose

Die Überlebensrate lässt sich bei der Ankunft des Patienten nur schlecht beurteilen und hängt von verschiedenen Faktoren ab. Einen Hinweis kann die modifizierte Glasgow Coma Scale (▶ Tab. 3-3, S. 124) geben. Bei einer Punktzahl von 8 besteht für das Tier eine 50%ige Chance, die nächsten 48 h zu überleben. Leider ist dies eine Momentaufnahme und sollte nicht über eine Euthanasie entscheiden. Vielmehr ist es wichtig, den Verlauf des Patienten zu beurteilen und bestmöglich für den Patienten zu sorgen. Manche Tiere verbessern sich innerhalb weniger Stunden, andere benötigen mehrere Monate, bis sie wieder gehfähig sind. Somit ist eine Einbeziehung der Besitzer in den teils langwierigen Heilungsverlauf extrem wichtig.

3.9 Erbrechen

Erbrechen ist mit ca. 11 % der häufigste Vorstellungsgrund von Hunden in der Notfallmedizin. Was oft recht einfach anmutet, kann allerdings zum schwerwiegenden Notfall werden. Einige Patienten weisen ein einfaches, selbstlimitierendes Erbrechen auf. Das Erbrechen kann aber auch Ausdruck einer systemischen Erkrankung sein. Daher ist es auch beim erbrechenden Patienten wichtig, zwischen stabilen Patienten mit selbstlimitierendem Erbrechen und Patienten mit lebensbedrohlichen Erkrankungen zu unterscheiden. Ziel der Notfalldiagnostik ist es zudem, chirurgische Indikationen zügig zu erkennen und Patienten, bei denen eine ambulante Therapie ausreichend ist, von Patienten, die stationär aufgenommen werden müssen, zu differenzieren.

3.9.1 Anamnese

In der Anamnese wird nach möglichen Ursachen für das Erbrechen geforscht. Teilweise geben Alter, Rasse und Geschlecht bereits Hinweise. Im Falle einer mittelalten, nicht-kastrierten Hündin, die vor sechs Wochen läufig war, sollte eine Pyometra (Gebärmutter-Vereiterung) in Betracht gezogen werden. Wichtig erscheint es, bereits in der Anamnese zu erfragen, ob es sich um ein Erbrechen mit Bauchpresse handelt oder ob es eher eine Regurgitation, also ein „Herausfallen" des Futters ohne aktive Bauchpresse ist. Bei der Regurgitation ist die Ursache im Bereich der Speiseröhre, bei Erbrechen im Bereich des Magen-Darm-Trakts sowie systemisch zu suchen. Auf folgende Punkte sollte in der Anamnese besonders großer Wert gelegt werden:

- Häufigkeit des Erbrechens
- Konsistenz und Farbe des Erbrochenen
- Anzeichen von Grunderkrankungen
- mögliche Toxinaufnahme
- Fremdkörperaufnahme
- Vorbehandlung
- systemische Erkrankungen wie Poylurie, Gewichtsverlust

3.9.2 Diagnostik

Triage

In der Erstuntersuchung kann sich beim erbrechenden Patienten Fremdmaterial in den **Atemwegen** zeigen.

Bezüglich der **Atmung** kann es vorkommen, dass erbrechende Patienten eine erhöhte Atemfrequenz aufgrund einer Aspirationspneumonie aufweisen.

Die häufigsten Abweichungen der Triage sind im Bereich des **Kreislaufs** zu finden. Immer wieder befinden sich Patienten mit Erbrechen im Schock. Dies kann ein hypovolämischer Schock aufgrund des Flüssigkeitsverlustes, aber auch ein distributiver Schock bei Tieren mit einer Sepsis, Peritonitis (Bauchfellentzündung), Pyometra oder Ähnlichem als Grunderkrankung sein (▶ Tab. 3-1, S. 81 „Schockformen"). Beim Legen des Venenkatheters für eine Schocktherapie sollte zugleich Blut für eine Notfalllaboruntersuchung entnommen werden.

Bereits in der Triage sollte das **Abdomen palpiert** werden. Hier können starke Anspannung, Schmerzen, ein umfangsvermehrtes oder tympanisches Abdomen Hinweise auf schwerwiegende Grunderkrankungen liefern. Schon bei der Palpation sollten Schmerzen erkannt und, falls vorhanden, auch zügig therapiert werden.

BEACHTE

In der gründlichen Notfalldiagnostik müssen Ergebnisse aus Anamnese, klinischer Untersuchung, Labordiagnostik und Bildgebung kombiniert werden.

Klinische Untersuchung

Die klinische Untersuchung ermöglicht die Beurteilung des gesamten Patienten und gibt evtl. weitere Hinweise auf die Ursache des Erbrechens.

Eine **Hypothermie** ist hinweisend auf systemische Erkrankungen wie ein Nierenversagen. Eine **Hyperthermie** macht eine infektiöse oder neoplastische Ursache des Erbrechens wahrscheinlich. Zugleich sollte der **Hydratationsstatus** ermittelt werden, um die folgende Infusionstherapie zu planen. Insbesondere bei Katzen mit Erbrechen sollte unter die Zunge geschaut werden, ob sich dort z. B. ein fadenförmiger Fremdkörper befindet.

Eine **gründliche Palpation des Abdomens** sollte an dieser Stelle ebenfalls erfolgen. Dabei wird auf Schmerzen und Abwehrreaktionen, aber auch auf eine Anspannung des Abdomens geachtet. Bei Patienten mit Erbrechen kann meist zumindest ein Schmatzen als Anzeichen für Übelkeit hervorgerufen werden. Besonders ängstliche Tiere spannen das Abdomen bei Palpation an. In diesen Fällen sollte sehr langsam und vorsichtig untersucht werden.

Bei Hunden mit Fremdkörpern oder Veränderungen im Abdomen ist meist der gesamte Bauch angespannt. Bei Katzen hingegen kann das Abdomen weich sein. Nur die veränderte Stelle, wie z. B. die Darmschlinge mit Fremdkörper, ist dann schmerzhaft. Daher ist insbesondere bei Katzen eine gründliche, komplette Untersuchung notwendig.

Eine **weitere, über die klinische Untersuchung hinausgehende Abklärung** ist bei folgenden Abweichungen dringend anzuraten:

- Erbrechen > 5-mal innerhalb von 12 h
- permanentes Würgen
- Erbrechen von Blut
- kotartiges Erbrechen
- Vorbehandlung mit NSAIDs oder Antiemetika
- systemische Grunderkrankungen wie Nierenerkrankung
- Toxin- oder Fremdkörperaufnahme

Labordiagnostik

Eine weitere Abklärung in Richtung Labordiagnostik oder Bildgebung ist unter anderem bei folgenden Befunden der klinischen Untersuchung anzuraten:

- Tachykardie, Bradykardie
- gerötete oder blasse Schleimhäute
- verlängerte/verkürzte KFZ
- Hyperthermie/Hypothermie
- tympanisches Abdomen
- schmerzhaftes Abdomen, auch lokal
- lokale schmerzhafte Strukturen
- vermindertes Bewusstsein

Die Labordiagnostik sollte die Einzelparameter **Hkt und Leukozytenzahl** mit **Differenzialblutbild** enthalten. Hiermit lassen sich Flüssigkeitsverluste und infektiöse Komponenten des Geschehens beurteilen.

Auch die blutchemischen Parameter **TP und Albumin** helfen, den Hydratationsgrad, also den Flüssigkeitshaushalt, einzuschätzen. Ein starker Albuminmangel hat auch einen Einfluss auf die folgende Infusionstherapie. Die **Glukose- und Elektrolytkonzentration** im Blut sollten ebenfalls bestimmt werden, um Ursachen wie Sepsis und Hypoadrenokortizismus (Unterfunktion der Nebennierenrinde) ausschließen oder einschließen zu können.

Unbedingt gemessen werden sollten bei Patienten mit kompliziertem Erbrechen die **Nierenfunktionsparameter** Harnstoff und Kreatinin, um eine Unterfunktion der Nieren und eine damit einhergehende Ansammlung harnpflichtiger Substanzen im Blut als Ursache für das Erbrechen auszuschließen bzw. zu diagnostizieren.

Das **Laktat** hilft, den Grad der Hypovolämie und somit des Schocks zu beurteilen. Ein erhöhter Laktat-Gehalt von > 2,5 mmol/l ist hinweisend auf einen Schock oder eine Sepsis.

Zusätzlich sollte die Labordiagnostik bei erbrechenden Patienten bei entsprechendem Verdachtsmoment auch die **canine bzw. feline pancreasspezifische Lipase** (cPLI, fPLI) sowie einen **Parvovirose**-Test beinhalten. Bei folgenden labordiagnostischen Veränderungen sollte eine weitere Aufarbeitung des Patienten mithilfe bildgebender oder auch weiterführender Labordiagnostik erfolgen:

- Hämokonzentration oder Anämie
- Leukozytose mit Linksverschiebung oder Neutropenie
- Laktaterhöhung (> 2,5 mmol/l)
- Azotämie, Hyperkaliämie, Hypoproteinämie
- Hypochlorämie und metabolische Alkalose
- Hypoglykämie
- Hypokalzämie, Hyperkalzämie
- erhöhtes cPLI, fPLI

Eine Neutropenie tritt z.B. bei einer Sepsis und bei Parvovirose auf. Eine mögliche Ursache einer Hyperkaliämie kann ein Hypoadrenokortizismus sein. Eine Hypoproteinämie kann durch eine Proteinverlustenteropathie, eine Proteinverlustnephropathie oder auch eine Leberfunktionsstörung oder Sepsis hervorgerufen werden. Ursachen für Hypoglykämie und Erbrechen sind vor allem Erkrankungen, die mit einer Sepsis einhergehen. Eine Hyperkalzämie ist gelegentlich bei Tumorerkrankungen oder Erkrankungen der Nebenschilddrüsen vorhanden.

Bildgebung

Zur Frage, wann und ob eine bildgebende Diagnostik sinnvoll ist, gibt es bisher keinen Konsensus. Oft dient die Bildgebung dazu, chirurgische Indikationen auszuschließen. Hierbei stehen Röntgen und Ultraschall zur Verfügung. Insbesondere bei deutlichen Hinweisen auf ein kompliziertes Erbrechen in Anamnese, klinischer Untersuchung und Labordiagnostik sollte eine Bildgebung durchgeführt werden.

Das **Röntgen** bietet die Möglichkeit, einen Überblick über das Abdomen in **zwei Ebenen** zu erlangen. Bei erbrechenden Tieren sollte die Untersuchung standardisiert immer im laterol-lateralen und ventro-dorsalen Strahlengang erfolgen. So können röntgendichte Fremdkörper erkannt und zugordnet werden (▶ Abb. 3-33).

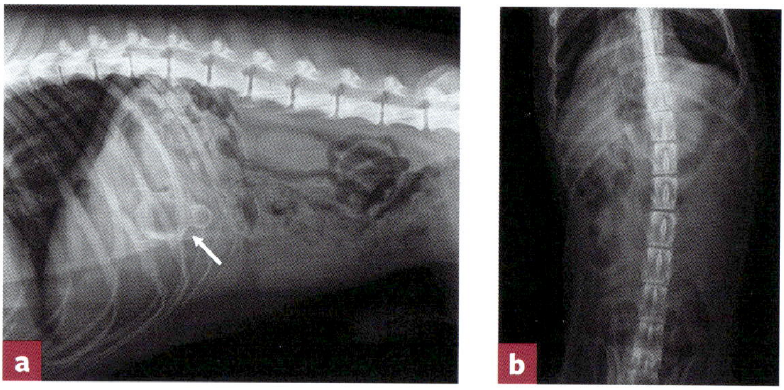

Abb. 3-33 Röntgenbild eines Hundes mit Fremdkörper (siehe Pfeil) im Magen
a latero-lateraler Strahlengang
b ventro-dorsaler Strahlengang. **Beachte:** Der Fremdkörper ist nur in einer Ebene (in der latero-lateralen Aufnahme) zu sehen.

Falls nur in einer Ebene geröntgt wird, kann oft nicht zwischen Kolon und Duodenum unterschieden werden und somit möglicherweise eine Fremdkörperoperation erfolgen, wo keine nötig gewesen wäre. Oft ist auch nicht der Fremdkörper selbst sichtbar, sondern nur Sekundärhinweise auf Obstruktionen wie gasgefüllte Darmschlingen, deren Durchmesser größer als der Durchmesser des 4. Lendenwirbelkörpers ist (▶ Abb. 3-34 und ▶ Abb. 3-35).

Ein weiterer Vorteil der Röntgenuntersuchung ist die Möglichkeit, Kontraststudien anzufertigen und die Bilder zur Zweitbeurteilung zu versenden oder aufzubewahren.

Die **Ultraschalluntersuchung** bietet die Möglichkeit, einen Einblick in die Organstruktur und Darmfüllung sowie die Darmbewegung zu erlangen (▶ Abb. 3-36). Am Magen können sowohl die Wanddicke und -struktur als auch die Füllung beurteilt werden. Zudem sind das Peritoneum und das Pankreas sowie alle anderen abdominalen Organe strukturell beurteilbar. Es können auch nicht-röntgendichte Fremdkörper entdeckt werden und geringe Mengen freier Flüssigkeit im Abdomen erkannt und unter Ultraschallkontrolle punktiert werden. Bei **verlegenden Fremdkörpern** im Darm kommt es oft vor der Ver-

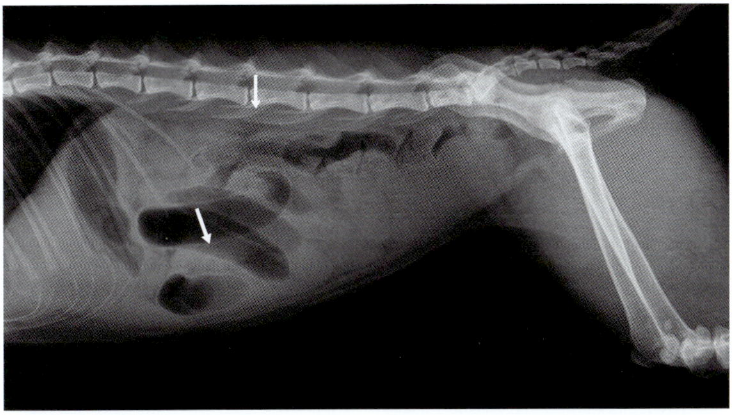

Abb. 3-34 Röntgenbild vom Abdomen eines Hundes mit gasgefüllten Darmschlingen. Die Pfeile vergleichen die Höhe des 4. Lendenwirbelkörpers mit dem Durchmesser der Darmschlinge.

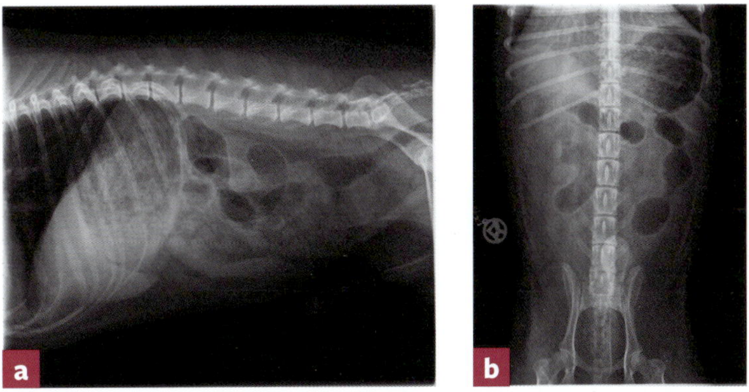

Abb. 3-35 Röntgenbild vom Abdomen eines Hundes mit Erbrechen und diffuser Lufteinlagerung
a latero-lateraler Strahlengang
b ventro-dorsaler Strahlengang

legung zur Anschoppung von Darminhalt. Dieser bewegt sich durch die Darmmotorik oft in Pendelbewegungen, also vor und zurück, während sich ein normaler Darminhalt hautsächlich in einer Richtung (vom Magen weg) bewegt. Leider kann die Qualität der Ultraschallbefunde durch Fell, Luft im Darm oder geringe Erfahrung des Untersuchenden beeinträchtigt sein. Da es sich bei der Ultraschalluntersuchung um eine Momentaufnahme handelt, ist es bei fraglichen Befunden sinnvoll, nach 1–2 h die Untersuchung zu wiederholen.

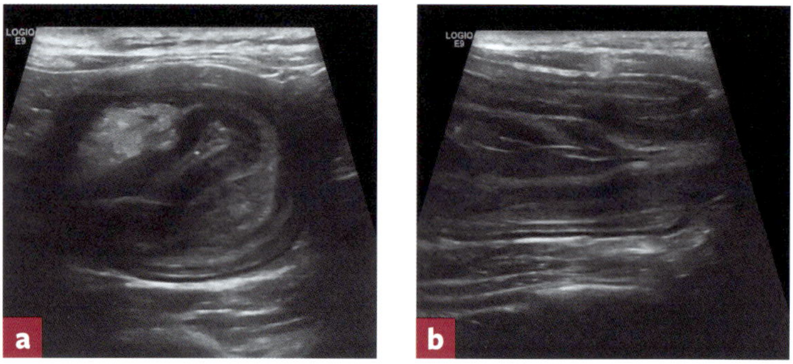

Abb. 3-36 Ultraschallbild von einer Katze mit Darminvagination
a im Querschnitt
b im Längsschnitt

Videos vom Ultraschall der Katze mit Darminvagination finden Sie auf tfa-wissen.de unter:

svg.to/sono_invagination_quer

svg.to/sono_invagination_laengs

Selbstlimitierendes Erbrechen

Typische Befunde eines selbstlimitierenden, einfachen Erbrechens sind wie folgt:

- kein Verdacht auf Fremdkörperaufnahme oder schwerwiegende Grunderkrankung
- Erbrechen seit max. 3 Tagen mit nicht mehr als 3–5-mal/12 h
- im Erbrochenen sind weder Blut, Kot noch Gallebeimengungen
- physiologische Vitalparameter
- weiches oder nur leicht angespanntes Abdomen

- unauffälliges Blutbild mit maximal Stressleukogramm und ggf. leichter Hämokonzentration
- unauffällige Bildgebung, ggf. diffuse Lufteinlagerungen bzw. leicht verdichtete Darmschlingen.

3.9.3 Therapie

Wird in den **Atemwegen** Fremdmaterial gefunden, muss dieses sofort entfernt, z. B. abgesaugt werden. Zeigen die Patienten eine erhöhte **Atemfrequenz** bei Verdacht auf eine Aspirationspneumonie, sollten sie initial mit O_2 versorgt werden.

Schockpatienten benötigen eine adäquate intravenöse Schocktherapie (▶ Kap. 3.2).

Für die **Behandlung von abdominalen Schmerzen** eignen sich am besten Opioide wie Methadon oder Fentanyl. Insbesondere wenn eine Indikation zur Operation nicht ausgeschlossen werden kann, ist den Opioiden der Vorzug zu geben. NSAIDs oder Kortison sollten bei Patienten mit Erbrechen nicht eingesetzt werden.

Um das Wohlbefinden des Patienten zu verbessern, bietet es sich an, frühestmöglich ein **Antiemetikum** zu verabreichen und so die Symptome zu vermindern. Zur Antiemesis eignen sich vor allem Maropitant und Metoclopramid. Falls diese nicht effektiv sein sollten, kann auch Ondansetron hinzugefügt werden. Bei hochgradigem Erbrechen können alle drei Antiemetika kombiniert werden.

BEACHTE

Bei erbrechenden Patienten muss zwischen einfachem, selbstlimitierendem Erbrechen und kompliziertem Erbrechen unterscheiden werden.

Einfaches Erbrechen

Bei einfachem Erbrechen kann eine **symptomatische Therapie** zu guten Ergebnissen führen. Diese besteht aus einer regelmäßigen Wassergabe und der Fütterung von magenschonendem Diätfutter für ca. 3–5 Tage. Dieses kann kommerziell erworben oder selbstgekocht sein. Eine antiemetische Therapie sollte mit Maropitant oder Metoclopramid für 1–3 Tage durchgeführt werden. Die Verabreichung von Medikamenten zum Magenschutz (z. B. Omeprazol) ist möglich, die Notwendigkeit zurzeit umstritten. Zeigt das Tier ein unangenehmes Gefühl im Abdomen, Schmatzen und Stöhnen, kann zur Analgesie Metamizol über 1–3 Tage gegeben werden. NSAIDs und Kortison sind als Therapie eines einfachen Erbrechens kontraindiziert. Eine antibiotische Therapie ist bei einfachem Erbrechen ebenfalls nicht indiziert.

Kompliziertes Erbrechen

Wenn in Anamnese und klinischer Untersuchung starke Auffälligkeiten wie massives Erbrechen, Blutbeimengung, Schock, schmerzhaftes Abdomen oder stark eingeschränktes Allgemeinbefinden vorhanden sind, handelt es sich um ein kompliziertes Erbrechen, bei dem nach der Grunderkrankung gesucht werden sollte. Neben der Diagnostik benötigen die Tiere auch oft eine aufwändigere Therapie. Bei ca. 10 % der Patienten, die mit Erbrechen vorgestellt werden, liegt eine Ursache zugrunde, die chirurgisch behoben werden muss. Häufige **Indikationen für eine chirurgische Therapie** sind nachfolgend aufgelistet:

- freie Luft im Abdomen
- septische Peritonitis
- gallige Peritonitis
- nekrotisierende Pankreatitis
- Fremdkörperileus, Subileus
- ggf. Neoplasie
- Abszess

Auch wenn keine chirurgische Therapie nötig ist, muss bei vielen Tieren mit kompliziertem Erbrechen eine stationäre Therapie mit Infusion,

Analgesie, Antiemetika und regelmäßiger Überwachung durchgeführt werden. **Indikationen für eine stationäre Therapie** sind unter anderem folgende:

- schwere systemische Abweichungen wie Schock und vermindertes Allgemeinbefinden
- Pankreatitis
- ggr. bis mgr. dilatierte (erweiterte) Darmschlingen ohne Obstruktion
- paralytischer Ileus
- Dehydratation > 8 %
- deutliche laufende, also ständige Flüssigkeitsverluste
- deutliche Hypothermie
- Hypoglykämie
- schwere Hypokaliämie
- moderate bis starke Schmerzen

Auch bei kompliziertem Erbrechen sollte eine antibiotische Therapie nur bei dringendem Infektionsverdacht bzw. -nachweis erfolgen. Hinweisend ist u. a. eine Leukozytose mit Linksverschiebung, also einer Anzahl an stabkernigen neutrophilen Granulozyten von mehr als 1500/µl Blut. Hier ist auch eine bakteriologische Untersuchung der infizierten Region bzw. einer Blutkultur sinnvoll. Falls eine Antibiose notwendig ist, sollte ein Medikament gewählt werden, das i. v. verabreicht werden kann.

Überwachung

Tiere mit kompliziertem Erbrechen sollten bei stationärer Therapie intensiv überwacht werden. Dazu zählt eine klinische Überwachung von Herzfrequenz, Pulsqualität, Schleimhautfarbe, KFZ, Atmung, Körpertemperatur und die Palpation des Abdomens. Diese Untersuchungen sollten mindestens alle 4–8 h erfolgen. Zudem ist es ratsam, bei Sepsis-gefährdeten Patienten den Blutdruck regelmäßig alle 10–60 min zu messen. Ebenso sollte die Blutglukose alle 2–8 h und die Elektrolyte alle 12–24 h überprüft werden. Sobald Veränderungen auftreten, ist eine weitere Labordiagnostik und bildgebende Diagnostik zu empfehlen.

3.10 Durchfall

Neben dem Erbrechen stellt Durchfall einen der häufigsten Vorstellungsgründe im Notdienst dar. Ähnlich dem Erbrechen liegt die größte Herausforderung hier in der Differenzierung zwischen einfachem, selbstlimitierendem Durchfall und akutem lebensbedrohlichen Durchfall. Oft werden auch Patienten mit chronischem Durchfall vorgestellt, die gerade eine akute Dekompensation aufweisen. Insbesondere bei diesen Patienten kann der Zustand lebensbedrohlich sein. Bereits in der Anamnese sollten hier Hinweise auf die Ursache und den Ausprägungsgrad gesucht werden.

3.10.1 Anamnese

In einigen Praxen ist es gang und gäbe, dass die TFA neben der Triage eine kurze Anamnese erhebt. Dabei ist neben der Standardanamnese wie Fütterung, Vorerkrankungen, bisherige Medikation und Impf- bzw. Entwurmungsstatus insbesondere nach Häufigkeit und Art des Durchfalls sowie möglichen auslösenden Faktoren wie Schneefressen, die Aufnahme inadäquater Substanzen, einer Futterumstellung und potenziellen Infektionen zu fragen. Ein häufiger Durchfallabsatz mit viel Flüssigkeitsverlust und Blutbeimengung ist meist als lebensbedrohlicher einzustufen als ein Durchfall, der dreimal täglich auftritt, breiig ist und keine Beimengung enthält. Häufiger Kotabsatz, Schleimbeimengungen und Tenesmus (schmerzhaftes Pressen auf Kot) sind Hinweise auf einen Dickdarmdurchfall.

3.10.2 Diagnostik

Triage

In der Triage ist insbesondere auf den **Kreislaufzustand** zu achten. Insbesondere Hunde mit Akutem Hämorrhagischen Durchfallsyndrom (AHDS) befinden sich im schweren hypovolämischen Schock und benötigen zügig eine entsprechende Schockinfusion. In diesen Fällen werden meist 30 ml/kg KGW einer bilanzierten Vollelektrolytlösung,

z. B. Ringer-Laktat oder Sterofundin® ISO, über 10–15 min bis zu 3-mal infundiert.

Insbesondere bei schweren Durchfällen sind die Tiere bei **Palpation des Abdomens** schmerzhaft oder empfinden die Berührungen zumindest als unangenehm.

Bei schweren Durchfällen sollte eine weiterführende Diagnostik erfolgen. Diese beinhaltet neben der gründlichen klinischen Untersuchung inklusive rektaler Untersuchung auch die Labordiagnostik und Bildgebung.

Labordiagnostik

Die Labordiagnostik sollte ein Differenzialblutbild, Hkt, Elektrolyte, Glukose, wenn möglich eine Säuren-Basen-Analyse, TP, Albumin, Harnstoff und Kreatin beinhalten.

Beim schweren Durchfall kommt es oft zum Verlust vom Albumin. Daher ist es essenziell, im Notdienst auch bei Durchfall eine Albumin- oder TP-Messung durchzuführen. Falls im Notdienst keine Albuminmessung möglich ist, kann alternativ mit dem Refraktometer das TP bestimmt werden.

Bei blutigen Durchfällen und erniedrigtem Hkt sollte eine Analyse der Gerinnungsfaktoren und der Thrombozyten erfolgen.

Auch erhöhte Nierenwerte können hinweisend auf die Durchfallursache sein. Eine schwere Urämie, also die übermäßige Ansammlung harnpflichtiger Substanzen im Blut, führt sehr oft zum Durchfall. Allerdings können die Nierenwerte auch aufgrund des Durchfalls infolge der Dehydratation erhöht sein. Zur Differenzierung sollte möglichst schnell, am besten noch vor der weiteren Infusionstherapie, eine Urinuntersuchung erfolgen. Bei erhöhtem spezifischen Uringewicht (> 1030g/ml bei Hunden) handelt es sich um eine prärenale (Ursache liegt „vor den Nieren“, z. B. Schock, Hypotension, Dehydratation) Azotämie.

Bildgebung

Zeigt der Patient ein schmerzhaftes Abdomen, ist auch bei Durchfall eine Bildgebung des Abdomens zu empfehlen. Eine Röntgenuntersuchung zeigt meist gasgefüllte Darmschlingen. Der Ultraschall bietet den Vorteil, dass die Füllung der Darmschlingen beurteilt werden kann und zusätzlich freie Flüssigkeit sensitiver erkannt wird als im Röntgen.

3.10.3 Therapie

Patienten, die eine Palpation des Abdomens als schmerzhaft oder unangenehm empfinden, sollten eine **Analgesie** erhalten. Hierzu können Opioide wie Buprenorphin oder Methadon verwendet werden. Nach der Schocktherapie kann auch Metamizol zum Einsatz kommen.

Chronischer oder einfacher Durchfall

Bei **chronischen oder einfachen Durchfällen** kann oft mit einer Diät gearbeitet werden. Dazu gibt es neben den kommerziellen Diäten regional unterschiedliche Rezepte zum Selbstkochen. Oft wird Hühnerbrühe, Huhn und Reis sowie Hüttenkäse empfohlen. In nordischen Ländern wird Huhn oft durch Fisch wie Dorsch ersetzt. Wichtig ist, dass den Tieren zusätzlich viel Wasser angeboten wird. Zudem ist es oft sinnvoll, Probiotika einzusetzen (▶ Abb. 3-37). Der Einsatz von Antibiotika, NSAIDs oder Kortison gilt bei einfachen Durchfallpatienten als kontraindiziert.

BEACHTE

Auch ein Durchfall kann bei starkem Flüssigkeitsverlust akut lebensbedrohlich sein. Einen Hinweis darauf liefert der **Hämatokrit**. Ist dieser erhöht, benötigen die Tiere hohe Infusionsmengen zum Ausgleich der Flüssigkeitsverluste.

Sobald in der Laboruntersuchung ersichtlich wird, dass das Albumin unter 2 g/l bzw. das TP unter 4 g/l Blut abfällt, muss eine Infusionstherapie vorsichtig und am besten mit kolloidalen Infusionslösungen anstatt mit Kristalloiden erfolgen.

Abb. 3-37 Probiotika in Form von Milchsäure- und Bifidobakterien zur Verabreichung bei Durchfall

Schwerer Durchfall

Patienten mit schwerem Durchfall sollten stationär aufgenommen und therapiert werden. Insbesondere beim **Akutem Hämorrhagischen Durchfallsyndrom (AHDS)** kann sich der Zustand der Tiere schnell verschlechtern (▶ Abb. 3-38). Sie müssen daher intensiv überwacht werden. In diesen Fällen wird weiterhin viel Durchfall produziert. Die Sauberkeit kann verbessert werden, indem der Durchfall über einen im Colon befindlichen Foley-Katheter in einen Urinbeutel geleitet wird. Dies bietet den Vorteil, dass zugleich die Menge an Durchfall bestimmt werden kann.

Neben der klinischen Überwachung sollten bei Tieren mit schwerem Durchfall regelmäßige Kontrollen des Blutdrucks durchgeführt werden. Zudem ist die Bestimmung der Glukose alle 4–8 h, der Leukozyten mit Differenzierung alle 24 h, der Elektrolyte alle 12–24 h sowie des TPs bzw. Albumins alle 12–24 h sinnvoll.

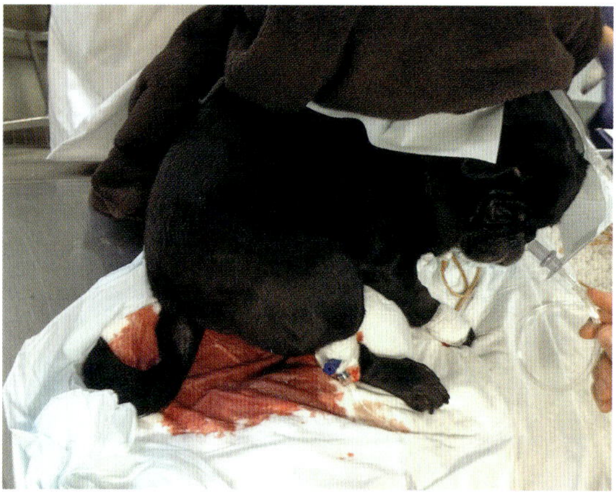

Abb. 3-38 Hund mit hochgradig blutigem Durchfall (Akutes Hämorrhagisches Durchfallsyndrom)

Verschiedenes

Wenn im Differenzialblutbild eine **Leukozytose mit Linksverschiebung** (erhöhte Anzahl der stabkernigen neutrophilen Granulozyten) vorhanden ist, ist dies ein Hinweis auf eine infektiöse Ursache des Durchfalls und evtl. auf eine Sepsis. Diese Tiere sollten mit einer Antibiose therapiert werden. Liegt bei nicht geimpften Welpen eine Neutropenie vor, muss immer an eine Parvovirose gedacht werden.

Auch eine **Hypoglykämie** ist bei ausgewachsenen Tieren ein Hinweis auf eine Sepsis. Jungtiere können aufgrund der verminderten Leberfunktion auch bei starkem Durchfall eine Hypoglykämie entwickeln, ohne dass eine Sepsis vorliegen muss.

Einige Erkrankung wie **Morbus Addison** gehen mit deutlichen Elektrolytverschiebungen einher. Beim Addison kommt es zur Hyperkaliämie und Hyponatriämie. Somit können die Elektrolyte einen Hinweis auf die Durchfallursache geben.

3.11 Harnabsatzstörungen

Harnabsatzstörungen machen insbesondere bei männlichen Katzen aber auch Hunden einen bedeutenden Teil der Notfallpatienten aus. Die Symptome bestehen meist aus Pressen auf Urin, blutigem Urin und

Schmerzen beim Urinabsatz. Ursächlich kommen hier Erkrankungen wie Harnwegsverlegungen, Infektionen, Neoplasien und neurologische Erkrankungen in Frage.

3.11.1 Diagnostik

Triage

Bereits in der Triage sollte zwischen Erkrankungen mit voller Blase und Erkrankungen mit leerer Blase differenziert werden. Zudem müssen sekundäre Abweichungen wie Schmerzen, Bradykardie durch eine eventuelle Hyperglykämie sowie Hypothermie erkannt werden.

Bei den meisten Patienten mit Harnabsatzproblemen reicht ein **Griff auf die Blase**, um den Füllungszustand und die Druckschmerzhaftigkeit zu erkennen. Insbesondere bei sehr adipösen Tieren ist dies nicht immer möglich. Hier kann der „*Point of Care*"-Ultraschall schnell geeignete Informationen zur Füllung der Harnblase liefern. Die prallgefüllte Blase stellt einen lebensbedrohlicheren Notfall dar als die leere Blase mit Harndrang aufgrund einer Zystitis.

Weiterführende Untersuchungen

Falls der Patient bradykard ist, sollte die Ursache mittels **EKG** und ggf. Blutuntersuchungen evaluiert werden. Die Bradykardie kann eine Sinusbradykardie aufgrund eines hohen Vagotonus sein. Hierbei sind keine weiteren Veränderungen im EKG sichtbar. Bei AV-Blöcken als Ursache der Bradykardie sind im EKG isolierte P-Wellen ohne folgenden QRS-Komplex zu sehen. Falls eine Hyperkaliämie die Bradykardie bedingt, sind folgende typische Veränderungen im EKG in unterschiedlichen Ausprägungen zu finden (▶ Abb. 3-39):

- kleine oder fehlende P-Welle
- verlängerter P-Q-Abstand
- hoher, weiter QRS-Komplex
- hohe, zeltförmige T-Welle

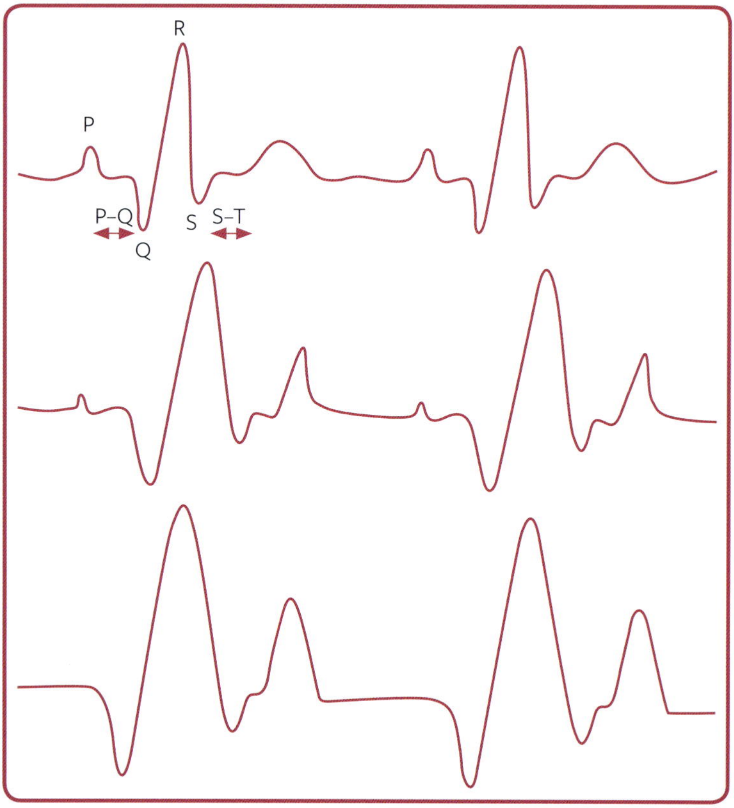

Abb. 3-39 EKG-Kurven: **oben:** physiologisches EKG, **Mitte:** EKG eines Tieres mit moderater Hyperkaliämie aufgrund einer Harnwegsverlegung. Beachte die kleine P-Welle, den längeren P-Q-Abstand, den hohen und weiten QRS-Komplex und die hohe, zeltförmige T-Welle, **unten:** EKG eines Tieres mit hochgradiger Hyperkaliämie aufgrund einer Harnwegsverlegung. Beachte die fehlende P-Welle, den hohen und weiten QRS-Komplex und die hohe, zeltförmige T-Welle.

Eine Vermutung der Hyperkaliämie muss unbedingt auch per **Labordiagnostik** überprüft und der Calciumspiegel regelmäßig kontrolliert werden. Die Basislaboruntersuchungen bei Tieren mit Urinabsatzstörungen sollten zumindest die Parameter Hkt, Kreatinin und Kalium enthalten. Bei einer Hyperkaliämie ist es sinnvoll, je nach Ausprägung alle 2–6 h den Kaliumspiegel zu kontrollieren. Kaliumwerte > 7 mmol/l Blut können vor allem für Hunde akut lebensbedrohlich werden. Katzen sind etwas weniger empfindlich gegenüber einer Hyperkaliämie. Allerdings besteht auch hier ab einem Kaliumwert von 7,5–8 mmol/l die Gefahr der Bradykardie und des Versterbens.

3.11.2 Therapie

Analgesie

Aufgrund der vollen Blase und wenn das Tier Schmerzen beim Urinabsatz hat, sollte im Rahmen der Notfalltherapie bereits eine adäquate Analgesie durchgeführt werden. Hierzu stehen Opioide wie Methadon und Fentanyl zur Verfügung. Da es sich bei Schmerzen der Blase eher um viszerale, also von den Organen ausgehende Schmerzen handelt, scheint der Einsatz von Butorphanol erfolgversprechender. Leider ist die Wirkdauer dieses Medikaments von ca. 1 h sehr begrenzt. Alternativ kann bei Patienten, die sich nicht im Schock befinden, auch Metamizol zur Analgesie verwendet werden.

Hyperkaliämie

Bei Veränderungen im EKG, die auf eine Hyperkaliämie hinweisen, besteht ein hohes Risiko des Herzstillstandes durch die Wirkung des Kaliums am Herzmuskel. Dieses Risiko kann mit der i.v.-Gabe von 10%igem Calciumgluconat vermindert werden. Allerdings kann Calcium ebenfalls Arrhythmien auslösen und sollte daher langsam über ca. 10–15 min verabreicht werden. Der Effekt hält ca. 30 min an. Das Calcium hat keinen Effekt auf den Kaliumspiegel. Daher muss versucht werden, den Kaliumspiegel zu senken. Das kann über die Beseitigung der Ursache, eine Kaliumausscheidung mittels Erhöhung der Urinproduktion bei intaktem Urinabfluss bzw. den Transport des Kaliums in die Zellen mit Bikarbonat oder Glukose erfolgen. Solange die Ursache nicht beseitigt ist, sollte der Patient dauerhaft mit einem EKG überwacht und beim Wiederauftreten der Veränderungen erneut Calcium verabreicht werden.

Harnkatheter

Nach der Untersuchung inkl. klinischer Untersuchung, Labordiagnostik und ggf. Bildgebung sollte bei Tieren mit stark gefüllter Harnblase der Abfluss wiederhergestellt werden. Dazu eignet sich im Optimalfall ein Harnkatheter. Zum Legen dieses Katheters ist bei Katzen je nach Zustand meist eine Sedation oder Anästhesie notwendig. Bei ruhigen Tieren kann auch versucht werden, unter Lokalanästhesie, z. B. mit einer Lidocain-haltigen, sterilen Gleitcreme, den Katheter zu legen (▶ Abb. 3-40).

Als Harnkatheter stehen verschiedene Materialien zur Verfügung. Je steifer der Katheter ist, desto mehr Gewebetrauma kann er beim Legen verursachen. Je weicher der Katheter ist, desto schwieriger ist es, ihn in die Harnröhre einzuführen. Der Autor verwendet z. B. für Kater Ch. 4,5-Ernährungssonden (B.Braun Vet Care) und Slippery Sam® Teflon-Katheter (SurgiVet®).

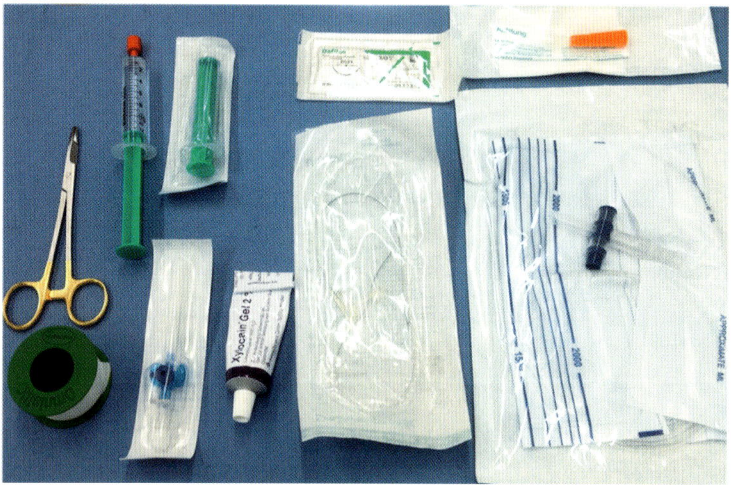

Abb. 3-40 Material zum Legen eines Harnkatheters: Gleitgel, Venenkatheter, Spülspritze, Ernährungssonde als Katheter, Nahtmaterial, Nadelhalter, Verbindungsstück und Urinbeutel

Zum Katheterisieren sollte das äußere Genital geschoren und mit Schleimhaut-Desinfektionsmittel desinfiziert werden. Das Tragen steriler Handschuhe versteht sich ebenso wie das sterile Arbeiten von selbst.

BEACHTE

Jeder Harnkatheter stellt ein Infektionsrisiko dar. Mit jedem Tag, den der Katheter verbleibt, steigt das Risiko einer Harnwegsinfektion um ca. 10 %.

Bei Verdacht auf eine Harnwegsverlegung beim **Kater** handelt sich meist um **zusammengelagertes Konkrement an der Penisspitze**. Vor dem Legen des Katheters kann versucht werden, durch Massage der Penisspitze dieses Konkrement zu entfernen. Spätestens wenn das Legen des Katheters schwerfällt, sollte das Tier sediert oder anästhesiert werden. Bei anästhesierten Tieren vermindert sich dadurch zudem der Spasmus der Harnröhre, sodass sich Fremdmaterial leichter entfernen sowie der Katheter leichter legen lässt. Bei Katern mit Harnwegsverlegungen ist es vorteilhaft, den verlegenden Pfropf mit einem vorn-offenen Katheter in die Blase zu spülen. Dazu eignet sich z. B. ein 22G-Venenkatheter, auf dessen Spitze Lidocain-haltiges Gleitgel gegeben wird. Mithilfe einer 5 ml-Spritze mit warmer 0,9%iger NaCl-Lösung wird versucht, das Konkrement wegzuspülen. Falls sich der Pfropf nicht wegspülen lässt, kann in der Spritze ggf. auch ein Teil des sterilen Gleitgels mit Lidocain mit 0,9%iger NaCl-Lösung im Verhältnis 1 : 1 oder 1 : 2 gemischt werden. Damit wird die Spüllösung visköser und kann Material besser wegspülen. Das Lidocain kann zudem lokal den Harnröhrenspasmus vermindern.

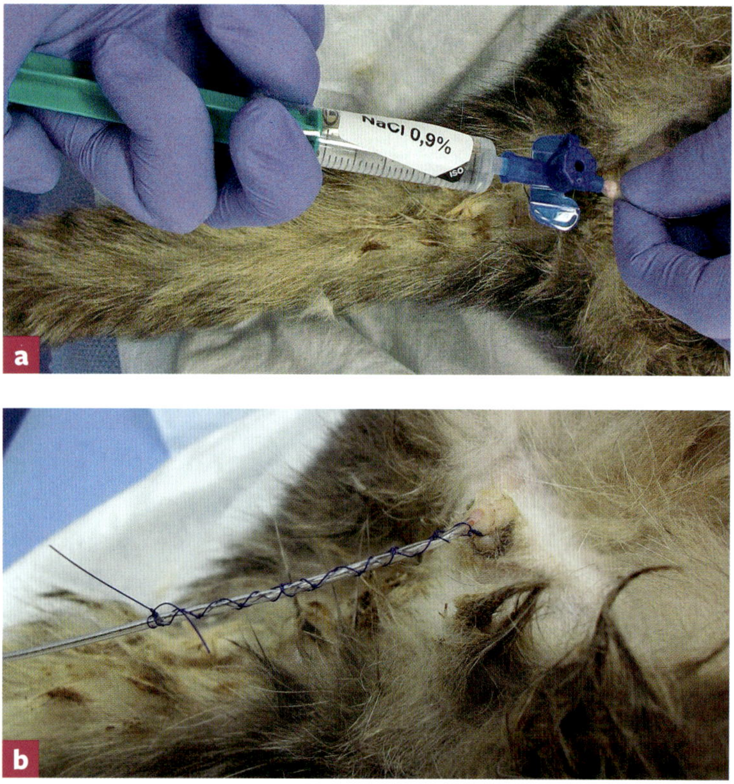

Abb. 3-41 Harnkatheter beim Kater
a Vorspülen des Katheters
b Der Katheter liegt und ist mit einer Naht gesichert.

Eine vollständige Bilderserie zum Legen eines Harnkatheters beim Kater finden Sie zum Download auf tfa-wissen.de unter: svg.to/harnkatheter

Auch bei **Rüden** kann es vor allem durch **Harnsteine** zu lebensbedrohlichen Harnröhrenverlegungen kommen. Hier ist ebenfalls eine Anästhesie zum Freispülen der Harnröhre sinnvoll. Falls ein einfaches Spülen nicht erfolgreich ist, kann hier die Technik der **Urohydropropulsion** zum Einsatz kommen. Dafür wird ein vorn-offener Katheter, je nach Größe des

Patienten z.B. ein 18G-Venenkatheter, in die Harnröhrenöffnung gelegt und daran eine Spritze mit ca. 1–2 ml/kg KGW warmer Spüllösung angeschlossen. Die Penisöffnung wird mit zwei Fingern zusammengedrückt, sodass die Spüllösung nicht hinauslaufen kann. Eine weitere Person drückt von rektal mit einem Finger auf die Harnröhre und verschließt diese in Richtung Harnblase. Nun wird die Harnröhre mit Spüllösung gefüllt. Das Abdrücken an beiden Enden führt zum Druckanstieg in der Harnröhre und zur Erweiterung derselben. Wenn der Druck entsprechend hoch ist, wird der rektal eingeführte Finger schlagartig von der Harnröhre angehoben, sodass die Spüllösung inkl. Harnstein in die Blase gelangen kann. Anschließend wird ein Harnkatether gelegt, um ein erneutes Verlegen der Harnröhre bis zur operativen Entfernung des Steins zu vermeiden.

Alle Harnkatheter sollten steril behandelt werden. Der Harn sollte über eine Verlängerung in ein steriles **Auffanggefäß**, z.B. einen Urinbeutel, geleitet werden. Die Verlängerung wird am Schwanz des Tieres bzw. über eine Naht fixiert, sodass der Zug am Penis möglichst gering ist (▶Abb. 3-42).

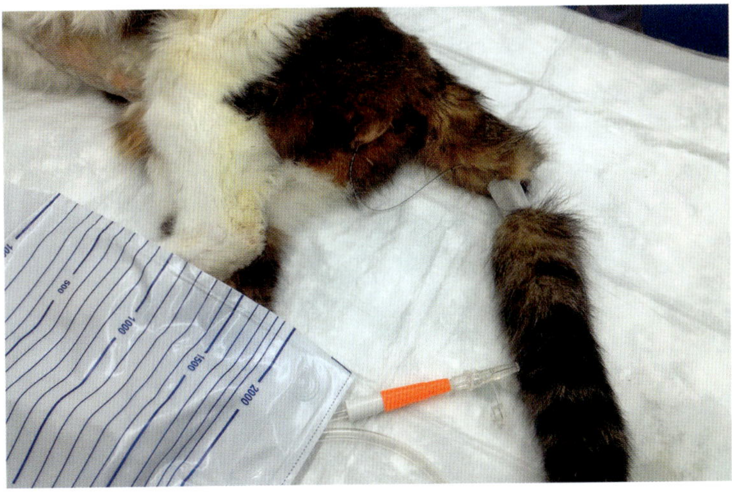

Abb. 3-42 Anschluss des Harnkatheters an das geschlossene Urin-Sammelsystem

Zystozentese

Falls ein Katheter nicht zu legen ist bzw. schnell ein Urinabfluss gewährleistet werden soll, kann eine Zystozentese erfolgen. Hierbei wird eine entsprechend große Spritze über einen Dreiwegehahn und eine Verlängerung mit einer Punktionskanüle verbunden. Entweder blind oder unter Ultraschallkontrolle wird die Blase vom kaudalen Ende her punktiert. Über die Spritze wird der Blaseninhalt abgezogen. Dabei sollte die Blase vor dem Entfernen der Nadel möglichst komplett entleert werden. Ein Vorteil der Zystozentese ist die Verminderung des Drucks in der Blase, wodurch Material in der Harnröhre einfacher in Richtung Blase gespült werden kann. Dies erleichtert folglich die Beseitigung der Verlegung. Mögliche Nebenwirkungen der Zystozentese sind eine Ruptur der Blase insbesondere bei extrem gefüllten Blasen, die Punktion eines Gefäßes und nachfolgende Blutungen sowie ein plötzlicher Abfall der Herzfrequenz durch Erhöhung des Vagotonus bei der Punktion.

BEACHTE

- Bei Urinabsatzproblemen muss bereits in der Triage die Blase palpiert werden. Ist diese stark gefüllt, handelt es sich meist um einen lebensbedrohlichen Notfall.
- Hat der Patient mit Harnabsatzproblemen eine Bradykardie, muss das Kalium gemessen oder/und ein EKG geschrieben werden. Es kann sich um eine lebensbedrohliche Hyperkaliämie handeln. Dem Effekt des Kaliums am Herzen kann mit Calcium schnell, aber nur für ca. 30–60 min entgegengewirkt werden.

3.12 Schmerzen

Viele Notfallpatienten leiden an Schmerzen. Allein aus ethischen Gründen ist es essenziell, diesen Patienten frühestmöglich eine adäquate Schmerztherapie zukommen zu lassen. Dazu muss zu allererst festgestellt werden, ob die Tiere schmerzhaft sind.

3.12.1 Diagnostik

Nicht jeder Patient reagiert mit Schmerzschreien auf eine Manipulation. Meist sind die Zeichen viel sensibler und manchmal kaum zu erkennen. Zur Beurteilung der Schmerzhaftigkeit müssen Haltung, Belastung der Gliedmaßen, Bewegung, Reaktion auf Palpation der vermutlich schmerzhaften Region, aber auch Gesichtsausdruck, Futteraufnahme und allgemeines Verhalten berücksichtigt werden.

Katzen mit Schmerzen können z. B. aggressiv sein, oder aber sehr zurückgezogen reagieren. Bei ihnen ist ein sogenanntes **Schmerzgesicht** beschrieben. Hierbei sind die Ohren angelegt, die Schnurrhaare zum Körper gewandt, der Blick nach innen gerichtet und die Augen bilden mit den Ohren und der Nase ein Dreieck (▶Abb. 3-43 u. ▶Abb. 3-44).

Abb. 3-43 Schmerzgesicht
a nicht schmerzhaft
b schmerzhaft
Beachte: angelegte Ohren, die Augen bilden ein Dreieck mit der Nase, angelegte Schnurrhaare

Abb. 3-44 Schmerzhafte Katze: Vergleiche mit dem schematischen Schmerzgesicht

Eine etwas objektivere Schmerzbeurteilung wird durch die visuelle **Schmerzskala** möglich. Diese reicht von 0–10, wobei 0 keinen Schmerz und 10 den maximal vorstellbaren Schmerz widerspiegelt. Der Patient bzw. in unserem Fall der Besitzer oder die TFA macht auf der nicht nummerierten Skala eine Markierung zwischen 1 und 10. Anschließend wird die nummerische Skala angelegt und der Wert abgelesen (▸Abb. 3-45). Selbstverständlich variiert diese Skala auch nach dem Gemüt und Schmerzzustand des Untersuchenden.

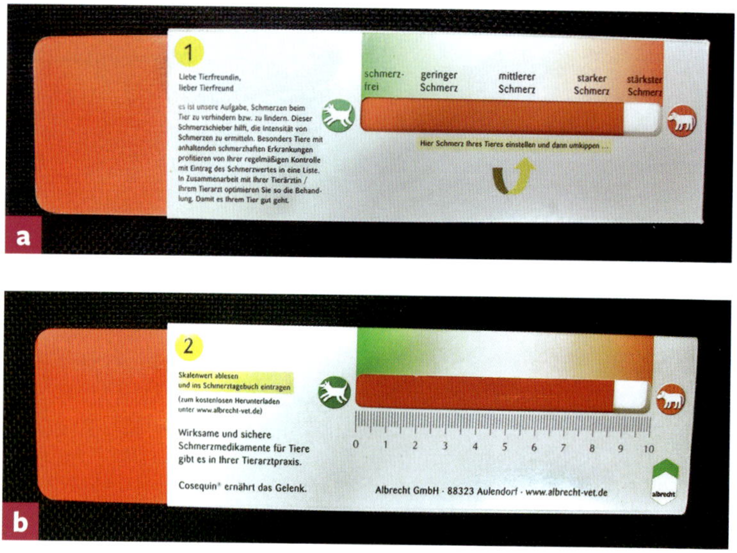

Abb. 3-45 Visuelle analoge Schmerzskala für eine objektivere Schmerzbeurteilung.
a Vorderseite ohne Skala zur Einstellung der Schmerzintensität
b Rückseite mit Skala zum Ablesen des entsprechenden Wertes

Weitere, sensitivere Schmerzskalen sind sogenannte **Composite Pain Scales.** Diese beurteilen eine Reihe von Parametern, die durch Schmerzen beeinflusst werden. Dazu zählen die Haltung, die Futteraufnahme und die Reaktion auf Stimuli. Jedem Parameter wird nach einem Schema eine Punktzahl zugeordnet und diese am Ende zusammengezählt.

3.12.2 Therapie

An der Schmerzentstehung sind viele Körperregionen beteiligt. Der Schmerz wird am Ort des Reizes von einem mechanischen in ein elektrisches Signal umgewandelt. Über die peripheren Nerven wird das Signal zum Rückenmark weitergeleitet, wo es moduliert, also verstärkt oder abgeschwächt wird. Schlussendlich erfolgt im Gehirn die Schmerzwahrnehmung und Beurteilung.

Ein Hauptkonzept der Analgesie ist die **multimodale Schmerztherapie**. Diese sucht verschiedene Ansatzpunkte im Rahmen der Schmerzentstehung und kombiniert verschiedene Analgetika gezielt zur Optimierung der Analgesie.

NSAIDs

Nichtsteroidale Antiphlogistika (NSAIDs) stellen die **Basis der Schmerztherapie** dar. Sie wirken durch Hemmung der Cyclooxygenase in der Arachidonsäure-Kaskade und vermindern dadurch die Freisetzung von Entzündungsmediatoren/Prostaglandinen. Es kommt zur verminderten Entstehung des Schmerzsignals. Somit findet die Wirkung direkt am geschädigten Gewebe statt. Allerdings werden je nach Medikament auch vasodilatativ wirksame Prostaglandine vermindert gebildet, was relevante **Nebenwirkungen** nach sich zieht. Insbesondere bei schlechter Kreislaufsituation kann es durch NSAIDs zur verminderten Magen-Darm-Durchblutung und somit zu Schleimhautschäden mit Erbrechen und Durchfall bis hin zu lebensbedrohlichen blutigen Durchfällen kommen. Zudem vermindern NSAIDs die Nierendurchblutung, ggf. gefolgt von einer eingeschränkten Nierenfunktion bis hin zum Nierenversagen.

Bei Patienten ohne Kontraindikationen liefern Analgetika dieser Art eine zuverlässige, bis zu 24 h anhaltende, mäßige Analgesie. Der Einsatz sollte bei allen Schmerzpatienten in Betracht gezogen und nach Wirkung und potenziellen Nebenwirkungen abgewogen werden.

PRAXISTIPP
Aufgrund von nicht unbedeutenden Nebenwirkungen sollten NSAIDs ausschließlich bei Patienten mit normalem Kreislaufstatus und ohne Vorschädigung des MDT eingesetzt werden.

Metamizol nimmt unter den NSAIDs eine Sonderstellung ein. Es ist pharmakologisch kein „richtiges“ NSAID. Es besitzt eine geringe entzündungshemmende Wirkung. Zudem hat es eine gewisse Wirkung am μ-Opioidrezeptor und führt über die Beeinflussung des Temperatur-Regulationszentrums zu einer Senkung der Körpertemperatur. Die Bildung der vasodilatativen Prostaglandine wird im Gegensatz zu den NSAIDs nicht vermindert. Daher kann es auch bei vorhandenen Magen-Darm- und Nierenschäden eingesetzt werden. Die Wirkdauer beträgt ca. 8–12 h. Metamizol kann bei schneller intravenöser Verabreichung zum Blutdruckabfall führen. Daher sollte es nicht bei Tieren im Schock verwendet werden. Bei oraler Gabe kann der bittere Geschmack bei Katzen zu massivem Speicheln führen. In der Notfallmedizin bietet sich der Einsatz von Metamizol an, wenn NSAIDs kontraindiziert sind und leichte bis mäßige Schmerzen vorliegen.

Opioide

Eine große und wichtige Gruppe der Analgetika für Notfallpatienten stellen die Opioide dar. Zu den Opioiden gehören schwache bis stark wirksame Analgetika. Vertreter dieser Gruppe stellen die stärksten verfügbaren Analgetika dar. Die Analgesie wird über Opioidrezeptoren im Gehirn und Rückenmark vermittelt. Zudem werden in entzündeten Geweben Opioidrezeptoren aktiviert. Opioide binden an zwei Hauptrezeptortypen, die μ- und die κ-Rezeptoren. Über μ-Rezeptoren wird eine somatische Analgesie, also im Bereich von Haut, Knochen und Muskulatur vermittelt. κ-Rezeptoren vermitteln eine Analgesie im Bereich der Organe wie MDT, Leber, Milz und Blase.

Zu den **μ-Agonisten** gehören z. B. Methadon und Fentanyl. Ihr analgetischer Effekt verstärkt sich mit steigender Dosis. Die Wirkung tritt nach 1–10 min ein. Methadon besitzt eine Wirkdauer von 3–4 h, Fentanyl von ca. 20 min. Daher sollte Fentanyl bei schmerzhaften Patienten als Dauertropf verabreicht werden.

BEACHTE
Der analgetische Effekt von μ-Agonisten verstärkt sich mit steigender Dosis. Mit ihr nehmen aber auch die Nebenwirkungen wie Atemdepression und Bradykardie zu. Die Dosis sollte daher stets an den Allgemeinzustand des Patienten angepasst werden.

Der Einsatz höherer Dosen führt zunehmend zu Nebenwirkungen wie Atemdepression und Bradykardie. Insbesondere wenn anästhesierte, sedierte oder sehr schwache Patienten diese Medikamente erhalten, werden solche Nebenwirkungen deutlich. Daher sollte die Dosis vor allem bei den genannten Patientengruppen eher niedrig angesetzt werden. μ-Agonisten werden bei Notfallpatienten **insbesondere bei Traumata und Operationen** eingesetzt. Bei einer Überdosierung können diese Medikamente mit **Naloxon** antagonisiert werden. Wichtig hierbei ist zu beachten, dass Naloxon nicht nur die Nebenwirkungen, sondern auch die Schmerzausschaltung aufhebt, sodass ggf. eine andere Art der Analgesie durchgeführt werden muss.

Ein weiteres, am μ-Rezeptor wirksames Opioid stellt der **parzielle μ-Agonist** Buprenorphin dar. Die mit diesem Arzneimittel erreichte Analgesie lässt sich allerdings nicht unendlich steigern. Daher kann es nicht für sehr starke Schmerzen eingesetzt werden. Die maximale Wirkung des Buprenorphin ist nach ca. 30 min erreicht. Die Wirkdauer beträgt, je nach Dosis, 6–8 h. Buprenorphin besitzt eine sehr starke Bindung an den Rezeptor. Daher verdrängt es andere Opioide wie Methadon und Fentanyl vom Rezeptor, weshalb ihre Wirkung nach vorheriger Gabe von Buprenorphin deutlich geringer ist als ohne eine solche. Auf der anderen Seite kann dieses Medikament aufgrund der starken Rezeptorbindung zur Teil-Antagonisierung der anderen μ-Agonisten genutzt werden. In der Notfallmedizin wird Buprenorphin vor allem bei moderaten Schmerzen und bei Patienten, für die innerhalb der nächsten ca. 12 h keine Operation geplant ist, eingesetzt.

BEACHTE

Die μ-Agonisten und parziellen μ-Agonisten unterliegen dem **Betäubungsmittelgesetz** und müssen daher verschlossen gelagert werden. Zudem muss jede Abgabe und Anwendung gut nachvollziehbar im Praxisverwaltungsprogramm oder Betäubungsmittelordner dokumentiert sein.

Als Vertreter der **κ-Agonisten** ist Butorphanol zu nennen. Es vermittelt eine **viszerale Analgesie** und wirkt somit vor allem bei Dehnungsschmerzen wie Koliken im Magen-Darm-Bereich und an allen inneren Organen. Zudem ist der sedative Effekt stärker als bei den μ-Agonisten. Die Wirkung tritt innerhalb von 1–10 min ein. Die analgetische Wirkdauer ist meist auf ca. 1 h beschränkt. Daher sollte Butorphanol, wenn es zur Analgesie verwendet wird, als Dauertropf verabreicht werden. Die sedative Wirkung hält bis zu 4 h, bei sehr alten Tieren zum Teil bis zu 24 h an. Daher empfiehlt sich eine Dosisreduktion bei Letzteren. Butorphanol hat kaum Nebenwirkungen auf das Herz-Kreislauf-System oder die Atmung und kann daher sehr sicher bei kritisch kranken Tieren eingesetzt werden.

Weitere systemische Analgetika

Auch einige Anästhetika wie z. B. **Ketamin** besitzen analgetische Eigenschaften. Bei Ketamin ist dies bereits in subanästhetischen Dosen der Fall. Daher wird es auch sehr gern bei Notfallpatienten eingesetzt. Die Wirkung wird über den NMDA-Rezeptor im Rückenmark vermittelt. Die Analgesie erfolgt vor allem im **somatischen** (Haut, Knochen)

Bereich. Daher eignet es sich insbesondere zur Schmerzausschaltung bei Traumapatienten. In höheren Dosen kann es bei alleinigem Einsatz eine Katalepsie, also Muskelsteifheit auslösen. Die Wirkdauer der analgetischen Dosen beträgt ca. 20–30 min. Daher sollte auch Ketamin bevorzugt als Dauertropf eingesetzt werden. Zudem reduziert Ketamin die Mengen an benötigtem Anästhetikum im Falle einer Operation. Es kann bei Patienten mit intakter Nebennierenfunktion und Tieren, die nicht bereits seit mehreren Tagen kritisch krank sind, zur Stabilisierung des Blutdrucks beitragen. In geringen Dosen hat Ketamin kaum Auswirkungen auf die Atmung.

An der Schmerzentstehung sind häufig auch Histamine beteiligt. Daher können **Antihistaminika** potenziell helfen, insbesondere den **Entzündungsschmerz** zu vermindern. Der Effekt von Antihistaminika auf die Schmerzen ist bei Hunden und Katzen nicht untersucht. Vor allem bei Insektenstichen und allergischen Hautreaktionen werden Antihistaminika jedoch bereits häufig eingesetzt. Mit einer Wirkdauer von bis zu 12 h sind sie potenziell interessante Medikamente zur Analgesie bei vielen Notfallpatienten.

Tramadol ist ein Medikament mit verschiedenen Wirkorten. Zum einen hat es eine geringe Wirkung am μ-Opioidrezeptor. Allerdings muss es dazu erst in der Leber verstoffwechselt werden. Dieser Schritt ist insbesondere bei Hunden gelegentlich nur gering ausgeprägt, sodass die Opioidwirkung sehr individuell ist. Zum anderen wirkt Tramadol auch am Serotonin-System. Hier greifen auch verschiedene Stimmungsaufheller und Antidepressiva an. Dieser Ansatz kann ebenfalls helfen, Schmerzen zu vermindern. Tramadol ist nicht betäubungsmittelpflichtig und kann daher ohne rechtliche Restriktion bei Notfallpatienten mit leichten bis mäßigen Schmerzen eingesetzt werden. **Nebenwirkungen** bestehen im Bereich des MDT. Das Arzneimittel kann zu Übelkeit und Erbrechen führen, schädigt aber nicht die Darmschleimhaut wie bei den NSAIDs beschrieben. Zudem kann es, je nach Dosis, eine Dysphorie, also einen Zustand der Desorientiertheit mit Jammern und Unbehagen hervorrufen.

Die Kombination macht's

Insbesondere bei stark schmerzhaften Patienten kann die Analgesie mit einem Medikament als Bolus allein oft nur schlecht kontrolliert werden. Es kommt durch den Bolus zeitweise zur guten Analgesie, aber bereits wenige Stunden danach sinkt oft die Wirkung des Medikaments. So entsteht gelegentlich eine „Analgesie-Lücke“. Hier ist es sinnvoller, die Analgetika als Dauertropf zu verabreichen. Dabei können verschiedene Analgetika kombiniert werden. So werden in der Praxis z. B. Dauertropfinfusionen mit einer Mischung von Fentanyl, Ketamin und Lidocain verwendet. Bei viszeralen Schmerzen, wie z. B. bei einer schweren Pankreatitis, kann das Fentanyl durch Butorphanol ersetzt werden.

Lokalanästhetika

Natürlich dürfen bei der Analgesie Lokalanästhetika nicht fehlen. Diese Medikamente stoppen am Nerven die Schmerzweiterleitung zum Rückenmark. Damit sind sie die einzigen, mit denen eine **komplette Schmerzfreiheit** erreicht wird. Die Injektion des Lokalanästhetikums ist mit einem gewissen Injektionsschmerz verbunden. Daher sollten sie vor allem am sedierten Patienten verwendet werden. Die Wirkdauer der Lokalanästhetika unterscheidet sich deutlich. Einige verlieren ihre Wirkung nach zwei, andere nach sechs Stunden. Zudem wirken viele Lokalanästhetika ab einer gewissen Dosis toxisch. Wird diese überschritten, kann es zu zentralnervösen Ausfällen und Herzrhythmusstörungen bis hin zum Herzstillstand kommen.

Lokalanästhetika können an Wunden als Infiltration, an Gliedmaßen als Nervenbock und in Körperhöhlen über Drainagen sowie intraoperativ als Splash-Block angewendet werden. **Zu beachten ist, dass sie NIE bei eröffnetem Herzbeutel in den Thorax gegeben werden dürfen.** Dort führt vor allem Bupivacain zum Herzstillstand. Im Rahmen von Operationen können Lokalanästhetika auch als Epiduralanästhesie, sogar über einen Epiduralkatheter verabreicht werden. Wichtig hierbei ist, dass diese Katheter extrem steril behandelt werden müssen, um jegliche Infektion im Wirbelkanal zu verhindern. Zusätzlich können Lokalanästhetika in Wunden über Wunddrainagen permanent verabreicht werden. Damit ergibt sich eine kontinuierliche Analgesie. Auch hier sollte die toxische Dosis innerhalb der Wirkdauer von 2 h bei Lidocain und 6 h bei Bupivacain nicht überschritten werden.

Insbesondere Lidocain besitzt auch positive systemische Wirkungen. Es liefert i.v. verabreicht eine Basisanalgesie, wirkt antiarrhythmisch und als Sauerstoffradikalfänger. Daher wird es z.B. bei Magendrehungen bereits präoperativ als Dauertropf eingesetzt.

Management

Neben der medikamentellen Analgesie spielt das **Management des Patienten** eine große Rolle. Insbesondere die TFA sollte Wert darauf legen, dass die Patienten weich und trocken gelagert werden. Wunden und schmerzhafte Regionen sollten schonend behandelt werden. Vor Manipulationen sollten zusätzliche Schmerzmittel verabreicht werden. Frakturen und schmerzhafte Regionen an den Gliedmaßen können mit Verbänden stabilisiert werden, da jede Bewegung erneut zum Schmerzreiz führt. Auch pflegerische Maßnahmen wie die Blasenentleerung, ein netter und ruhiger Umgang mit dem Tier und physische Unterstützung, Gutzureden und Streicheln können das Wohlbefinden verbessern und somit Schmerzen minimieren helfen.

Da die Wirkung vieler Schmerzmittel sehr individuell ist, sollte jeder Schmerzpatient regelmäßig auf Schmerzen untersucht werden. Dies ist vor allem gegen Ende der Wirkdauer der Analgetika wichtig. Falls der Patient schmerzhaft ist, sollten die Intervalle verkürzt oder die Dosis der Analgetika erhöht werden. Auf der anderen Seite können vor allem Opioide zu Dysphorie, aber auch zur Sedation führen. Diese Zeichen der Überdosierung müssen erkannt werden. Folglich sollte die Dosis bzw. das Intervall reduziert werden oder schwächer wirksame Analgetika zum Einsatz kommen. Damit ist die Analgesie keine stabile, nach Protokoll erfolgende Vorgehensweise, sondern muss regelmäßig an den individuellen Patienten und dessen Entwicklung angepasst werden. Hierbei helfen die anfänglich vorgestellten Schmerzskalen und die regelmäßige Untersuchung des Patienten deutlich weiter.

BEACHTE

- Schmerzen sind der fünfte Vitalparameter.
- Eine gute Analgesie ist aus ethischen und tierschutzrechtlichen Gründen erforderlich.
- Bei Notallpatienten eignen sich zur Analgesie vor allem Opioide.
- Opioide in hohen Dosen können zur Dysphorie (Affektstörung) führen, dies sieht aus, als hätte der Patient Schmerzen.

3.13 Geburt

Die Geburt von Welpen ist immer für alle Beteiligten, sowohl Besitzer als auch Tier, eine sehr emotionale Sache. Vor allem erstgebärende Tiere sind meist sehr aufgeregt. Unsere Aufgabe ist es, die Tiere und die Besitzer in dieser Situation zu unterstützen und im Notfall Hilfestellung zu leisten. Dabei sollte das Leben der Welpen, aber insbesondere das des Muttertieres, im Vordergrund stehen.

Die physiologische Geburt findet bei Hunden um den 65. Tag nach der Belegung statt. Dieser Zeitpunkt ist aufgrund der unterschiedlichen Ovulationszeiten auf 57–72 Tage erweiterbar. Falls der Hormonspiegel gemessen wurde, ist die Geburt an Tag 64–66 nach dem Maximum des Luteotropen Hormons (LH) zu erwarten. Wurde der Beginn des Diöstrus beobachtet, ist 56–59 Tage nach dem ersten Tag des Diöstrus mit Nachwuchs zu rechnen. Bei Katzen wird eine Trächtigkeitsdauer von durchschnittlich 65 Tagen (58–72 Tagen) angegeben.

Die Geburt wird normalerweise vom Welpen über eine vermehrte Kortisonausschüttung eingeleitet. Es werden drei Stadien der Geburt beschrieben. Das Vorbereitungsstadium, die eigentliche Geburt und die Ausscheidung der Nachgeburt (▶ Tab. 3-4).

Tab. 3-4 Geburtsstadien

Stadium	Symptome	Dauer
1 (Vorbereitung)	Unruhe, Hecheln, Nestbau, Abfall der Körpertemperatur des Muttertieres	6–12 h, Erstgebärende bis 24 h
2 (eigentliche Geburt)	abdominale Kontraktionen, klarer Vaginalausfluss, Geburt der Welpen	bis 24 h, erster Welpe nach 0,5–4 h geboren, jeder weitere Welpe nach 0,5–2 h
3 (Nachgeburt)	Plazentaausscheidung	5–15 min nach jedem Welpen

Geburtsstörungen gehen zu ca. 70 % meist von der Mutter aus und beinhalten eine primäre Wehenschwäche und die Verlegung des Geburtskanals. Die Welpen sind in ca. 30 % der Fälle für Geburtsstörungen verantwortlich. Ursachen sind für den Geburtskanal zu große Welpen oder eine fehlerhafte Lage im Geburtskanal. Eine tierärztliche Überprüfung des Muttertieres sollte beim Vorliegen bestimmter Indikationen empfohlen werden (▶ Kasten).

Indikationen für eine tierärztliche Untersuchung des Muttertieres

- verlängerte Trächtigkeit ohne Geburtsanzeichen (> 66 Tage nach dem LH-Maximum oder > 64 Tage nach der Ovulation)
- Temperaturabfall über mehr als 12–24 h ohne Geburtsanzeichen
- Temperaturanstieg auf > 39,2 °C
- Vaginalausfluss für mehr als 2–3 h ohne Geburt
- Verbleib in Stadium 1 der Geburt für mehr als 12 h
- starke Uteruskontraktion und Bauchpresse für mehr als 30 min ohne die Geburt eines weiteren Welpen
- Verbleib in Stadium 2 der Geburt für mehr als 12–24 h
- Sichtbarwerden von Eihüllen oder Welpen-Anteilen in der Vagina ohne Fortschreiten der Geburt
- Anzeichen von Mattigkeit oder systemischen Erkrankungen

3.13.1 Anamnese

In der Anamnese sollten neben den Geburtssymptomen, der Dauer der Trächtigkeit bzw. der Anzahl der Tage seit der Belegung auch der Verlauf früherer Geburten erfragt werden. Zudem sollte bekannt sein, ob die Mutter an Erkrankungen leidet, aktuell Medikamente bekommt oder Allergien vorliegen.

3.13.2 Diagnostik

Triage

Die Triage sollte **sowohl die Mutter als auch die Welpen** erfassen. Das Leben der Mutter ist vor allem dann bedroht, wenn die Welpen bereits abgestorben sind. Dies kann zur Intoxikation und zur Sepsis der Mutter führen. Im Rahmen der Geburt kommt es natürlicherweise zu Blutungen. Bei vorhandenen Gerinnungsstörungen oder einer Vorbehandlung mit Aspirin können diese lebensbedrohlich werden. Somit ist auf den Kreislaufstatus der Mutter besonderes Augenmerk zu legen.

Mithilfe der Palpation des Abdomens wird festgestellt, ob Uteruskontraktionen vorhanden sind. Oft sind auch Welpen zu fühlen.

Vaginale Untersuchung

Ein besonderer Wert wird auf die vaginale Untersuchung gelegt. Hierbei wird nach Anomalien und Verlegungen gesucht. Zudem wird der Vaginalausfluss beurteilt. Dieser sollte, wenn vorhanden, bis kurz vor der Entwicklung des ersten Welpen klar sein (▶ Tab. 3-5). Mit einer Manipulation am dorsalen Scheidendach kann eine Kontraktion des Uterus mit einer Bauchpresse aufgelöst werden. Dieser sogenannte Ferguson-Reflex ist bei Tieren, die sich nicht in der Geburt befinden, oder bei Tieren mit starker primärer Wehenschwäche nicht oder nur schwach vorhanden.

Tab. 3-5 Beurteilung des Vaginalausflusses

Vaginalausfluss	Mögliche Ursachen
klar	Fruchtwasser, bevorstehende Geburt
blutig	physiologisch während der Geburt, Gerinnungsstörungen, vaginales Trauma
grün/braun	physiologisch, Färbung durch Blutabbauprodukte hervorgerufen, bevorstehendes Stadium 2
eitrig/trüb	Metritis, Pyometra, Vaginitis

Labordiagnostik

Die Basislaboruntersuchung der Hündin in Geburt sollte neben dem Hkt und den Nierenwerten (Harnstoff und Kreatinin) auch die Blutglukose und das ionisierte Calcium beinhalten.

Bildgebung

Wenn die Welpen für den Geburtskanal zu groß sind oder eine falsche Lage im Uterus haben, besteht für sie das Risiko, nicht auf natürlichem Weg geboren werden zu können. Die Größe und Lage sowie die Anzahl der Welpen kann am besten in einer **Röntgenuntersuchung** beurteilt werden. Mit der **Ultraschalluntersuchung** können die Herzfrequenz und die Darmtätigkeit der Welpen untersucht werden. Die physiologische Herzfrequenz liegt bei über 200 Schlägen/min. Eine vermehrte Darmtätigkeit mit gleichzeitigem Abfall der Herzfrequenz auf < 180 Schlägen/min deutet auf deutlichen Stress und ein erhöhtes Risiko für das Versterben der Welpen hin.

Ein weiteres Absinken der Herzfrequenz der Welpen ist ein Hinweis auf einen Sauerstoffmangel. Bei einer Herzfrequenz von weniger als 150–160 Schlägen/min sollte unmittelbar ein Kaiserschnitt durchgeführt werden.

Eine Person mit Erfahrung im Ultraschall kann auch die Größe der Welpen anhand der Scheitel-Steiß-Länge sowie die Anzahl der Welpen im Uterus beurteilen.

3.13.3 Therapie

Weist das Muttertier Schocksymptome auf, kann eine adäquate Schocktherapie helfen (▶ Kap. 3.2).

Konservative Geburtshilfe

Befindet sich das Muttertier in der Geburt und ist ausgeschlossen, dass die Welpen zu groß sind, wird vorerst versucht, die Geburt konventionell zu unterstützen. Dies sollte erfolgen, wenn zwischen dem Platzen der Fruchthüllen und der Geburt mehr als 2 h bzw. zwischen jeweils zwei Welpen mehr als 2 h vergehen.

Zur Unterstützung der Geburt sollte die Hündin in einen **ruhigen Raum ohne Störungen** verbracht werden. Dieser sollte ein weiches und warmes Lager beinhalten. Eine Infusionstherapie hilft, wie angesprochen, den Kreislauf zu unterstützen. Infolge der starken Anstrengung bei der Geburt können die Tiere hypoglykämisch sein. Falls bei der Blutglukosemessung eine **Hypoglykämie** nachgewiesen wird, sollte Glukose über einen Dauertropf infundiert werden. Hierzu wird einer bilanzierten Vollelektrolytlösung eine 40 oder 50%ige Glukose-Lösung beigemischt, sodass eine auf 5 % angereicherte Glukoselösung entsteht. Bei starker Hypoglykämie mit < 3,5 mmol/l Blut kann auch zuvor ein Glukosebolus einer 20%igen Glukose-Lösung verabreicht werden.

Häufig wird im Rahmen der Geburt auch eine **Hypokalzämie** beobachtet. Diese vermindert die Kontraktionen des Uterus. Zur Bestimmung des Calciums wird das ionisierte Calcium gemessen. Bei einer nachgewiesenen Hypokalzämie wird durch eine intravenöse Calciuminfusion über ca. 10–15 min der Calciumspiegel gesteigert. Anschließend sollten sowohl Calcium als auch Glukose alle 30–60 min kontrolliert werden. Auch die Herzfrequenz der Welpen sollte regelmäßig, z. B. per Ultraschall überprüft werden.

Falls eine **Wehenschwäche** vorliegt und die Welpen weder zu groß sind noch sich in fehlerhafter Lage befinden, können die Wehen durch Oxytocin verstärkt werden. Da dieses Hormon auch zu einer sehr starken

Uteruskontraktur führen kann, sollte es nur subkutan, intramuskulär oder sehr langsam intravenös verabreicht werden.

Info

Der Erfolg der konservativen Geburtshilfe mit medikamenteller Unterstützung und manueller Geburtshilfe liegt bei ca. 40 %.

Wenn der Welpe in den Geburtswegen fühlbar ist, kann versucht werden, **manuelle Geburtshilfe** zu leisten. Dazu wird mit sehr viel wasserbasiertem Gleitgel gearbeitet, um die Geburtswege schlüpfrig zu machen. Die manuelle Geburtshilfe sollte mit sterilen Handschuhen so sauber wie möglich erfolgen. Bei langhaarigen Hunden empfiehlt es sich, die Haare um die Vulva zu scheren. Mit den Fingern wird vorsichtig versucht, Lage- und Stellungskorrekturen am Welpen vorzunehmen und anschließend durch sanften Zug den Welpen zu entwickeln. Dabei sollte ein zu starker Zug an den Gliedmaßen des Welpen möglichst unterbleiben. Klemmen sind nach Möglichkeit nicht oder nur sehr vorsichtig einzusetzen, da diese zu schweren Verletzungen am Welpen oder auch am Geburtsweg der Mutter führen können.

Das Vorgehen vor und bei einer konservativen Geburtshilfe

1. klinische und vaginale Untersuchung
2. Venenkatheter, Basislabor (Hkt, Harnstoff, Kreatinin, Glukose, ionisiertes Calcium), Infusionstherapie, ggf. Schockinfusion
3. Röntgen und Ultraschall zur Beurteilung der Welpengröße, -lage und Herzfrequenz
4. Substitution von Glukose und Calcium bei zu niedriger Blutkonzentration
5. direkt im Anschluss eine niedrige Dosis Oxytocin verabreichen

6. bei ausbleibender Wirkung nach 30–45 min: Calciuminfusion
7. erneute Oxytocingabe, normale Dosis
8. nach weiteren 30–45 min ggf. 3. Oxytocingabe
9. wenn die Geburt 30 min nach der 3. Oxytocingabe ausbleibt → Kaiserschnitt
10. kontinuierliche Überwachung der Herzfrequenz der Welpen
11. sobald diese auf unter 150–160 Schläge/min abfällt → Kaiserschnitt

Kaiserschnitt (Sectio caesarea)

Falls die konventionelle Geburtshilfe nicht effektiv ist, eine absolut zu große Frucht vorliegt, Lageveränderungen nicht behebbar sind oder die Herzfrequenz der Welpen dauerhaft unter 160 Schlägen/min liegt, sollte ein Kaiserschnitt durchgeführt werden. Bereits vor der Operation sollte mit dem Besitzer abgesprochen werden, ob nur die Welpen entwickelt werden, oder ob der Uterus des Muttertieres mit entfernt werden soll. In einigen Fällen, z.B. bei starken, nicht zu stoppenden Blutungen im Uterus oder massiven Veränderungen des Uterus, sollte in jedem Fall eine Ovarhysterektomie, also eine Entfernung von Gebärmutter und Eierstöcken erfolgen.

Info

Bei ca. 60 % der Hündinnen mit Geburtsstörungen ist ein Kaiserschnitt notwendig.

Bei einem Kaiserschnitt sollte die **Zeit zwischen der Anästhesieeinleitung und der Entwicklung der Welpen möglichst kurz gehalten** werden. Daher ist es vorteilhaft, wenn der Chirurg bereits schnittfertig ist, sobald die Anästhesie eingeleitet wird. Die Mutter kann bereits vor der Einleitung geschoren und gewaschen werden. Eine gute Infusionstherapie hilft, den Kreislauf der Mutter während der Operation aufrecht zu erhalten. Während der Operation kann die Analgesie vor allem über **lokalanästhetische Techniken** wie Schnittlinieninfiltration oder Epiduralanästhesie erreicht werden. Eine leichte Seitenlagerung der Hündin auf die linke Seite mit leicht erhöht gelagertem Thorax kann helfen, sowohl die Atmung als auch den Kreislauf der Mutter stabil zu halten.

3.13.4 Versorgung der Welpen

Nach der Geburt oder dem Kaiserschnitt müssen die Welpen unmittelbar versorgt werden.

Zuerst werden die Fruchthüllen entfernt. Zudem werden die Atemwege frei gelegt und etwaiges Sekret aus den Atemwegen abgesaugt. Ein Schütteln der Welpen wird aufgrund der Traumatisierung des Hirns und der Wirbelsäule nicht empfohlen.

Die Welpen sollten innerhalb einer Minute nach der Geburt zuverlässig atmen. Werden sie dennoch zyanotisch, sollte O_2 mittels Flow-by oder über eine Maske angeboten werden. Auch ein Herzfrequenzabfall (Bradykardie) der Welpen ist meist Hypoxie-bedingt. Daher ist hier ebenfalls eine Sauerstofftherapie vorteilhaft.

Die Nabelschnur wird, sobald möglich, von der Plazenta getrennt. Dies erfolgt durch das Abschneiden in ca. 1–2 cm Entfernung vom Nabel.

Bei **ausbleibender Atmung** sollten die Welpen mit sehr kleinen Tuben oder großen Venenkathetern vorsichtig intubiert und mit O_2 beatmet werden. Der Einsatz von Doxapram wird aufgrund der kurzen Wirkdauer und der Erhöhung des Sauerstoffverbrauchs im Gehirn bzw. Myokard nicht empfohlen. Ausschließlich bei Welpen, bei denen keine Intubation möglich ist, kann versucht werden, einen Tropfen Doxapram unter die Zunge zu geben.

Wenn die Welpen per Kaiserschnitt geboren wurden und **lebensschwach** sind, sollten die Anästhetika möglichst antagonsiert werden. Für Benzodiazepine steht dafür Flumazenil, für Opioide Naloxon zur Verfügung. Zur Applikation des Antagonisten kann der sublinguale oder intraossäre Weg gewählt werden.

Unmittelbar nach der Geburt sollten die Welpen auf **angeborene Erkrankungen** untersucht werden. Dazu zählen die Gaumenspalte, der Nabelbruch und die Atresia ani (parzielles oder vollständiges Fehlen des Anus).

Die Welpen sollten selbstverständlich warm und trocken gelagert werden. Eine Unterstützung der O_2-Versorgung ist durchaus sinnvoll. Sobald möglich, wird der Welpe zum Muttertier gebracht, damit dieses die Pflege übernehmen und der Welpe Milch aufnehmen kann.

BEACHTE

Welpen und Geburt

- Eine Herzfrequenz der ungeborenen Welpen unter 160 Schlägen/min ist lebensbedrohlich.
- Die Geburt sollte in ruhiger, stressarmer Umgebung erfolgen.
- Eine Intubation und Beatmung ist auch bei Welpen möglich und sinnvoll.
- Welpen reagieren auf eine Hypoxie mit Bradykardie.

3.14 Vergiftungen

Bei Hunden und Katzen werden vielfältige Vergiftungen beschrieben. Nicht immer steht hinter der vermuteten Vergiftung der böse Nachbar. Da die Symptome von Vergiftungen wie Erbrechen auch bei vielen anderen Erkrankungen auftreten können, ist es wichtig, in der Diagnostik systemische Erkrankungen von Vergiftungen abzugrenzen. Viele Toxine befinden sich in unmittelbarer Nähe des Haustieres, was ihre Aufnahme durch das Tier erleichtert. Dazu zählen zum Beispiel Schokolade, Weintrauben, Zwiebeln, Zimmerpflanzen, Frostschutzmittel, Haushaltsreiniger, Medikamente auch aus der Humanmedizin, Rattengift, Schneckenkorn, Pflanzenschutzmittel und viele mehr.

So vielfältig wie die Toxine sind auch die mit einer Vergiftung einhergehenden Symptome. Diese reichen von Erbrechen und Durchfall über Ataxie (Koordinationsstörung), Blutungen und Krämpfe bis hin zu Atemnot und dem Tod des Patienten. Viele Toxine haben eine schnell einsetzende Wirkung, weshalb sich der Zustand des Patienten schlagartig verschlechtern kann. Daher ist jedem potenziell vergifteten Patienten eine erhöhte Aufmerksamkeit zu widmen.

3.14.1 Anamnese

Ein wichtiger Schritt in der Aufklärung der Vergiftung ist die Anamnese. Hierbei wird nach folgenden Punkten gefragt:

- War das Tier in einem räumlichen Gebiet, in dem Toxine vorkommen?
- Gab es andere Faktoren, die zur Toxinaufnahme geführt haben könnten?
- Gab es Verdachtsmomente, die auf eine Toxinaufnahme hindeuten?
- Wurde eine Toxinaufnahme beobachtet?
- Wann hat Toxinaufnahme/der Kontakt zum Toxin stattgefunden?
- Wieviel Toxin/Material wurde aufgenommen?
- Gibt es Hinweise auf die Art des Toxins?
- Wann haben die Symptome begonnen?
- Haben sich die Symptome verändert?
- Sind weitere Erkrankungen bekannt?
- Bekommt der Patient Medikamente?
- Sind Allergien bekannt?

Bei einem bekannten Toxin ist es immer sinnvoll, wenn die Besitzer die Packung oder Reste des Toxins mitbringen können. Bei unbekannten Toxinen kann ein **Toxinnachweis** angestrebt werden. Dazu muss Mageninhalt, Serum und Urin des Patienten an ein toxikologisches Labor gesandt werden. Zur Einsendung gehören auch die Angaben aus der Toxin-Anamnese und die Ergebnisse der klinischen Untersuchung. Damit kann der Toxikologe die in Frage kommenden Toxine bereits eingrenzen und muss keine Screening-Tests durchführen. Zudem wird das eingesandte Material im toxikologischen Screening nicht auf alle

Toxine, sondern nur auf die häufigsten hin analysiert. Somit kann es passieren, dass die Untersuchung keine spezifischen Ergebnisse liefert. Die Untersuchung nimmt meist mehrere Tage in Anspruch, sodass die Ergebnisse für das Akutmanagement keine Hilfe sind. Dennoch helfen sie, eventuellen Spätfolgen nachzugehen bzw. prophylaktische Maßnahmen gegen eine weitere Toxinaufnahme zu treffen und sind schlussendlich auch ein rechtliches Mittel, falls es sich um eine mutwillige Vergiftung gehandelt hat.

Im Akutfall können einige **Internetquellen** konsultiert werden. Dazu zählt z.B. die Homepage des Instituts für Pharmakologie und Toxikologie der Universität Zürich. Diese ermöglicht die Suche nach dem Toxin anhand der Symptome. Zum anderen bekommt man auf dieser Website für spezifische Toxine wichtige Informationen zur toxischen Dosis, zur Halbwertszeit des Toxins und Behandlungsvorschläge.

Wichtige Nummern und Adressen im Vergiftungsfall

- www.vetpharm.uzh.ch/clinitox/
- www.petpoisonhelpline.com
- www.pharmtox.vetmed.uni-muenchen.de/tox_dienstleistung/index.html
- **Giftnotruf**: Vorwahl der nächstgrößeren Stadt gefolgt von 19 240; z.B.: 089/19 240 für München

3.14.2 Diagnostik

Triage

Der vergiftete Patient wird wie jeder Notfallpatient initial einer Triage unterzogen. Zugleich erfolgt die symptomatische Therapie der lebensbedrohlichsten Abweichungen.

Die **Atemwege** sind bei Intoxikationen normalerweise nicht betroffen. Falls es doch zu Verlegungen kommt, müssen die Atemwege z.B.

durch einen Tubus gesichert werden. Das **Bewusstsein** des vergifteten Patienten kann normal bis komatös sein. Entsprechend ist die Dringlichkeit der weiteren Therapie.

Einige Toxine können die **Atmung** beeinträchtigen. Sobald Atembeschwerden vorliegen, sollte O_2 verabreicht werden. Im Rahmen der Untersuchung wird die Lokalisation der Atemprobleme eruiert und ggf. gezielt behandelt. Dabei ist insbesondere auf Atemnot infolge von Ursachen außerhalb des Atmungstraktes wie Methämoglobinämie und Anämie zu achten.

Sollte sich der Patient im **Schock** befinden, muss selbstverständlich eine Schocktherapie, wie im Kapitel „Schock" (▶Kap. 3.2) beschrieben, erfolgen.

Befindet sich der Patient im **Krampf**, muss dieser schnellstmöglich mit den im Kapitel „Krampf" (▶Kap. 3.3) beschriebenen Medikamenten gestoppt werden. Da insbesondere Krämpfe zur Erhöhung der Körpertemperatur führen können, muss bei entsprechender Diagnose eine aktive Kühlung erfolgen. Auch diese wurde bereits im zuvor genannten Kapitel beschrieben.

3.14.3 Therapie

Dekontamination

Der nächste Schritt ist die zügige Entfernung des Toxins aus dem MDT oder von der Haut. Wurde das Gift oral aufgenommen, kann versucht werden, über die Einleitung von **Erbrechen** das Toxin zu entfernen.

Ein Erbrechenlassen ist je nach Toxin bis ca. 1 h nach der Aufnahme effektiv. Tabletten und Flüssigkeiten werden oft schon schneller resorbiert. Manche Toxine, die in großen Stücken vorliegen, können auch noch nach längerer Zeit zurückgewonnen werden. Einige Giftstoffe wie Schokolade kleben stark an der Magenwand und werden nur unvollständig erbrochen. Durchschnittlich können ca. 50 % des Giftstoffs mithilfe von Erbrechen aus dem Tier eliminiert werden.

Bei **Hunden** wird zum Auslösen von Erbrechen Apomorphin eingesetzt. Dieses kann als Injektion i.v. und s.c. verwendet werden. Bei der i.v.-Applikation wird eine geringere Dosis benötigt. Die Tiere erbrechen bei dieser Methode schneller (innerhalb von 1–5 min), aber weniger frequent. Zudem setzt sich das Apomorphin nach wenigen Minuten an das Brechzentrum und stoppt dadurch das Erbrechen. S. c. verabreicht setzt die Wirkung nach 5–10 min ein und das Erbrechen hält länger an. Ca. 90 % der Hunde erbrechen infolge einer Apomorphin-Gabe. Sollte der Hund nicht erbrechen, kann versucht werden, mit Naloxon gefolgt von einer weiteren Gabe Apomorphin, das Erbrechen noch auszulösen.

Bei **Katzen** hat Apomorphin kaum eine Wirkung. Hier wird Xylazin oder Dexmedetomidin eingesetzt. Diese Medikamente werden s.c. appliziert und führen dosisabhängig zum Erbrechen – je höher die Dosis, desto sicherer das Erbrechen. Allerdings sind die Tiere in sehr hohen Dosen oft sediert. Dexmedetomidin kann mit Atipamezol antagonisiert werden. Bei Xylazin steht dafür Yohimbin zur Verfügung.

Durch die Gabe von etwas Futter vor dem Erbrechen kann vor allem bei Materialien, die an der Magenwand kleben, eventuell mehr Material zurückgewonnen werden. Bei bereits neurologisch auffälligen Tieren sollte kein Erbrechen eingeleitet werden. Auch nach Aufnahme von Säuren, Laugen, Alkoholen und Ölen ist das Erbrechen kontraindiziert. Säuren und Laugen können die Speiseröhre schädigen, Paraffin, Öle und Alkohole können gelegentlich im Kehlkopf nicht erkannt und ggf. aspiriert werden, wodurch das Risiko einer Aspirationspneumonie besteht.

BEACHTE

Erbrechen sollte nur bei Tieren mit ungestörtem Bewusstsein und intakten Schutzreflexen eingeleitet werden.

Ist das Erbrechen nicht erfolgreich oder bestehen Kontraindikationen, kann das Toxin, welches sich im Magen befindet, über eine **Magenspülung** entfernt werden (▶ Abb. 3-46). Hierzu wird der Patient anästhesiert. Es ist zwingend erforderlich, den Patienten zu intubieren. Dennoch kann Spüllösung in die Trachea gelangen und am Tubus vorbei in die

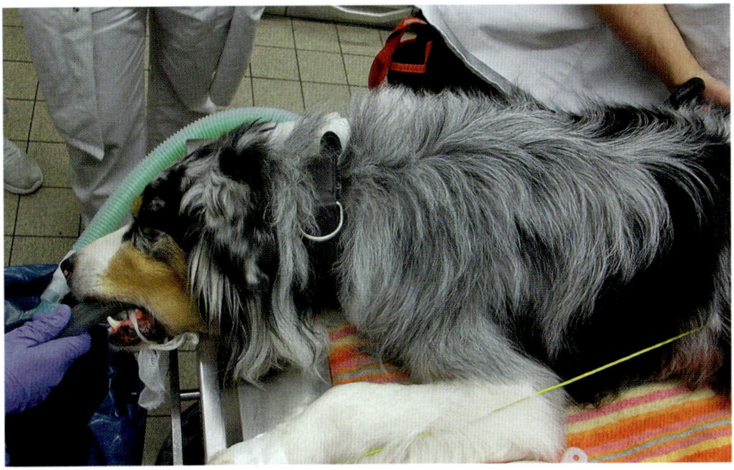

Abb. 3-46 Magenspülung bei einem Hund

Lungen laufen. Zur Prävention sollte der Tubus sicher, aber nicht zu fest geblockt sein. Wird die Tubusmanschette mit wasserbasiertem Gleitgel eingerieben, dichtet dieses noch zusätzlich die Trachea ab. Zusätzlich hilft die Lagerung, eine Aspiration zu vermeiden. Eine Möglichkeit ist, den Kopf nach unten zu lagern, sodass das Maul der tiefste Punkt des Körpers ist. Alternativ kann der Patient gerade gelagert und der Larynx mit Tüchern unterpolstert werden, sodass dieser den höchsten Punkt darstellt. Das Maul sollte wiederum niedriger als der Larynx sein, damit Flüssigkeit abfließen kann.

Nun wird mit einer großen Magensonde und warmem Wasser der Magen gespült. Dazu werden laut Literatur ca. 10 ml/kg KGW Spüllösung verwendet. Es wird so lange gespült, bis kein Material mehr zurückgewonnen wird. Einige Toxine wie Metaldehyd werden im sauren Magenmilieu gespalten und dadurch besser resorbiert. Bei diesen Toxinen kann zur Erhöhung des Magen-pH-Wertes Bikarbonat in den Magen verabreicht werden.

Es gibt Toxine, die lange im MDT verbleiben und dann zusätzlich im Enddarm resorbiert werden können. Daher ist es sinnvoll, eine Darmspülung anzuschließen.

Katzen reagieren auf eine Magenspülung mit Wasser sehr empfindlich. Das Wasser wird schnell resorbiert und vermindert die Osmolarität des Blutes, sodass es zur Hämolyse kommen kann. Daher wird für die Spülung bei Katzen empfohlen, isotone Vollelektrolyt- oder 0,9%ige NaCl-Lösung anstelle von Wasser zu verwenden.

Aktivkohle kann über ihre große Oberfläche viele, vor allem fettlösliche Toxine binden und diese somit bis zur Ausscheidung im MDT halten und eine Resorption verhindern. Leider fressen Hunde die Aktivkohle oft nicht selbstständig. Sie kann zwar ohne relevanten Wirkungsverlust mit etwas Futter eingegeben werden. Dennoch ist die benötigte Menge mit 1–4 g/kg KGW recht groß. Etwas einfacher anzuwenden ist die Aktivkohlelösung. Diese kann mit einer Spritze ins Maul appliziert werden. Auf die orale Eingabe sollte bei nicht intaktem Schluckreflex verzichtet werden. Falls der Magen gespült wird, kann die Aktivkohle auch über den Spülschlauch verabreicht werden. Der Zusatz von Sorbitol oder Glaubersalz in geringen Dosen vermindert die Passagezeit und beschleunigt somit die Ausscheidung des Toxins.

Einige Toxine durchlaufen den enterohepatischen Kreislauf. Das heißt, sie werden nach der Resorption über die Galle ausgeschieden und im Darm erneut resorbiert. Bei diesen Toxinen bietet es sich an, die Gabe von Aktivkohle alle 6–8 h zu wiederholen.

BEACHTE

Der Einsatz von Aktivkohle ist vor allem bei fettlöslichen Toxinen sinnvoll. Bei Alkoholen und Mineralölen ist sie allerdings nicht effektiv.

Bei **Toxinaufnahme über die Haut**, wie es bei Entwurmungs-Spot-Ons der Fall ist, sollte das Toxin ebenfalls entfernt werden. Das funktioniert zum einen über das Scheren des kontaminierten Fells und zum anderen durch das Waschen der Haut. Dafür kann mildes Shampoo für Tiere oder Babyshampoo verwendet werden. Wichtig ist, hierbei auf

Selbstschutz zu achten. Es sollten Handschuhe und eine Schutzbrille getragen werden. Des Weiteren ist es sinnvoll, vor allem Katzen für diese Maßnahme zu sedieren.

Antidot-Therapie

Für wenige Toxine existieren Gegenmittel (Antidote). Dies ist zum Beispiel für Rattengift, Schwermetalle und Frostschutzmittel der Fall.

Das Gegenmittel für **Rattengift** ist Vitamin K. Es benötigt einige Stunden bis zum Stoppen der durch Rattengift hervorgerufenen Gerinnungsstörung und muss mehrere Wochen nach der Giftaufnahme verabreicht werden.

Frostschutzmittel wird nach der Resorption im MDT in der Leber vom Enzym Alkoholdehydrogenase zu Oxalsäure umgewandelt. Die Oxalsäure schädigt bereits acht Stunden nach der oralen Aufnahme des Toxins die Nieren. Daher muss eine schnelle Therapie erfolgen. Mit einer Infusion von Ethanol kann das verantwortliche Leberenzym „beschäftigt" werden. So wird Zeit gewonnen, um das Ethylenglycol (Frostschutzmittel) über eine Dialyse oder die angeregte Urinausscheidung zu entfernen. Allerdings muss bei betroffenen Tieren für ca. zwei Tage ein Blutalkoholspiegel von 1‰ aufrechterhalten werden, um die optimale Wirkung zu erzielen. Ein besserer Antagonist ist das Fomepizol. Leider ist dieses Medikament sehr teuer. Eine solche Behandlung für einen 30 kg schweren Hund kostet aktuell ca. 3000 €.

Elimination

Im dritten Schritt der Intoxikationstherapie kann versucht werden, das Toxin aus dem Blutkreislauf des Patienten bzw. dem Wirkort zu entfernen. Hier kommt es auf die Eigenschaften des Toxins an.

Wasserlösliche Toxine werden über die Nieren ausgeschieden. Bei diesen ist es hilfreich, die Tiere über ca. 12–24 h gut zu infundieren. Die Gabe zusätzlicher Diuretika zur Erhöhung der Toxin-Elimination ist umstritten. Einige Toxine werden sehr gut bei saurem oder alkalischem pH-Wert ausgeschieden. In diesen Fällen kann Citrat oder Bikarbonat zur Veränderung des Urin-pH-Wertes verabreicht werden.

Bei sehr hohen Toxinmengen, stark wirksamen Toxinen oder schweren klinischen Symptomen besteht die Möglichkeit, mit der **Dialyse** die wasserlöslichen Toxine aus dem Blut zu entfernen. In diesen Fällen reicht meist eine Dialysesitzung über 3–8 h, um die Giftstoffe schnell aus dem Körper zu eliminieren. Diese Technologie ist effektiv bei Frostschutzmittel, Alkohol, Propylenglycol sowie Metaldehyd, aber auch bei anderen wasserlöslichen Toxinen. Bei einer Frostschutzmittel-Vergiftung muss die Therapie innerhalb von 6–8 h nach der Aufnahme eingeleitet werden, damit ein Überleben der Patienten wahrscheinlich ist.

Für **fettlösliche Toxine** besteht die Möglichkeit, anstatt der Dialyse eine **Plasmapherese** durchzuführen. Hierbei wird das komplette Blutplasma des Patienten mit dem darin befindlichen Toxin entfernt und durch Spenderplasma ersetzt. Damit kann die Toxinkonzentration um ca. 50–70 % gesenkt werden. Leider gibt es bisher nur wenige Kliniken, die eine Dialyse oder Plasmapherese anbieten.

Eine weitere Option zur Wirkungsverminderung fettlöslicher Toxine ist **die intravenöse Lipidtherapie**. Hierbei wird eine 20%ige Fettlösung aus der parenteralen Ernährung i.v. verabreicht (▶ Abb. 3-47). Diese bildet einen zusätzlichen Fettpool im Blut, sodass das Toxin vom Wirkort, meist dem Gehirn, zurück ins Blut umverteilt wird. Dadurch vermindert sich die toxische Wirkung. Ob diese Therapie sinnvoll ist, muss anhand der Fettlöslichkeit des Toxins (**Log P-Wert** = Oktanol-Wasser-Löslichkeitskoeffizient) entschieden werden. Liegt dieser Wert über 1, ist die Substanz fettlöslich und die Therapie kann potenziell sinnvoll sein. Die Log P-Werte verschiedener Substanzen sind meist im Internet zu finden.

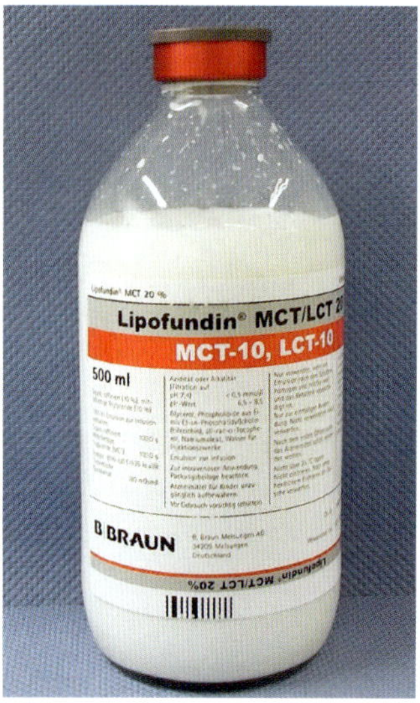

Abb. 3-47 Lösung für die intravenöse Lipidinfusion

Die Verabreichung der Fettlösung erfolgt über eine periphere Vene, anfangs als Bolus, gefolgt von einem Dauertropf über 30–60 min. Diese Therapie sollte nur nach einer Magenspülung oder Dekontamination der Haut erfolgen, da das Fett auch die Aufnahme des Toxins aus der Haut und dem MDT fördern kann. Bei einigen Tieren sind Nebenwirkungen beschrieben worden. Diese äußern sich vor allem im Kreislaufkollaps mit Blutdruckabfall. Daher sollten die Tiere während der Infusion gut überwacht werden. Nach der Infusion erscheint das Blut weiß-rot. Einige Laborergebnisse können im Anschluss an die Infusion durch den hohen Fettgehalt im Blut verändert sein.

Aufgrund der potenziellen Nebenwirkungen sollte die Fettinfusion nur bei schweren Vergiftungen mit fettlöslichen Toxinen und nach guter Besitzeraufklärung verwendet werden. Vergiftungen, bei denen die Wirkung der Fettinfusion über kontrollierte Studien nachgewiesen wurden, sind eine Lokalanästhetika-Überdosierung und die Permethrin-Vergiftung bei Katzen.

PRAXISTIPP

Die Therapie von Vergiftungen erfolgt nach dem Schema:

1. symptomatische Therapie
2. Dekontamination
3. Antidot-Therapie
4. Elimination

4 Wiederbelebung

4.1 Einleitung

Immer wieder kommt es bei Notfallpatienten zu lebensbedrohlichen Situationen, die nicht selten mit dem Herz- und Atemstillstand enden. In den letzten Jahren wurden mehrere wissenschaftliche Studien zum Thema Wiederbelebung veröffentlicht, sowie eine Expertengruppe zur Reanimation, die ACVECC-RECOVER, ins Leben gerufen. Dieses Expertengremium analysiert und beurteil kontinuierlich die aktuelle Literatur und gibt Richtlinien zur Wiederbelebung heraus (ACVECC-RECOVER.org). Diese werden regelmäßig re-evaluiert und aktualisiert.

4.2 Vorbereitung

Jede tierärztliche Praxis sollte über einen vorbereiteten und permanent einsatzbereiten Raum sowie Material zur Reanimation verfügen. Dieser Raum sollte immer zugänglich und für eine Reanimation ausgestattet sein. In einer Praxis mit einem hohen Aufkommen kritischer Patienten ist eine zentrale Lage des Raumes optimal. Dazu eignet sich in vielen Praxen der OP-Vorbereitungsraum. Zur Basisausstattung gehören:

Zubehör zur Atemwegssicherung (Laryngoskop mit Ersatzlampe und Ersatzbatterien, Tuben in verschiedenen Größen, Intubationshilfen wie Führungsdraht, Blockspritze, Anbindeband)	Materialien zur Venotomie (Skalpell, Fixierband)
Ambu®-Beutel	Stauschlauch
Venenkatheter	Notfallmedikamente (Adrenalin, Atropin, Lidocain)
Schermaschine	Spüllösung
Desinfektionsmittel	

Diese Ausstattung sollte durch eine genau definierte Person, meist eine TFA, regelmäßig überprüft und ggf. aufgefüllt werden. Eine Alternative zu einem Reanimationsraum kann auch ein Notfallkoffer sein, der komplett ausgestattet und mobil in die jeweiligen Räume transportiert werden kann.

4.3 Team und allgemeine Organisation

Es empfiehlt sich, ein für die Reanimation **eingeübtes Team von zwei bis fünf Personen** zur Verfügung zu haben. Jedes Teammitglied sollte seine Aufgaben kennen und beherrschen. Essenziell ist dabei die Funktion des Teamleiters, welche in der Regel die erfahrenste Person übernehmen sollte. Die Hauptaufgabe des Teamleiters besteht darin, Anweisungen zur Reanimation zu geben. Dabei ist es wichtig, dass diese deutlich und direkt vermittelt werden, wie z. B. *„Frau X, ziehen Sie bitte 1 ml Adrenalin auf!“* anstelle von *„Kann mal jemand Adrenalin aufziehen!“*. Der Teamleiter kann gleichzeitig auch jede andere Funktion wie z. B. die Beatmung übernehmen. Für die weiteren Aufgaben wie die Aufrechterhaltung bzw. Kontrolle der Herzfunktion, das Legen venöser Zugänge und die Verabreichung von Medikamenten, die Beatmung und Protokollierung und ggf. die Besitzerkommunikation wird jeweils eine

Person benötigt. Für die Herzmassage sollten mindestens zwei Personen verantwortlich sein, damit zwischendurch ein Wechsel stattfinden kann. Um die Abläufe zu beherrschen und die Lokalisation aller Materialien zu kennen, empfiehlt es sich, die Reanimation regelmäßig alle 3–6 Monate am Modell zu üben. Teil der Übung ist es auch, nach jeder fiktiven oder realen Reanimation das Szenario noch einmal durchzusprechen, um positive oder verbesserungswürdige Aspekte herauszufinden und ggf. zu fördern oder abzuändern.

4.4 Erkennen der Reanimationspflichtigkeit

Der erste Schritt der Wiederbelebung ist, den Notfall, also den Herz-Kreislauf- und Atemstillstand, zu erkennen. Dazu werden Pulspalpation und Auskultation **nicht** mehr empfohlen, da dadurch wertvolle Zeit verloren geht.

> **BEACHTE**
> Jeder Patient, der nicht ansprechbar ist und keine sichtbare Atmung aufweist, gilt als reanimationspflichtig!

4.5 Basic Life Support – Basismaßnahmen

Die Basismaßnahmen der Wiederbelebung sind die Sicherung der Atemwege, die Beatmung und die Unterstützung der Herzfunktion. Alle drei sollten in jeder tierärztlichen Praxis jederzeit möglich sein.

A Die **Atemwegssicherung** erfolgt mit einer orotrachealen Intubation. Dafür wird ein möglichst großer Tubus unter Laryngoskop-Kontrolle in die Trachea eingeführt. Bei der Intubation ohne Laryngoskop besteht vor allem bei brachycephalen Hunden und Katzen das Risiko der Fehlintubation in den Ösophagus, wodurch wertvolle Zeit verloren geht. Die Intubation mit Intubationshilfen wie einem Führungsdraht, einem Stilett oder einem als Stilett benutzen Harnkatheter ermöglicht die Intubation auch bei geschlossenem Larynx. Nach der Intubation wird der Tubus mit einem Band am Oberkiefer, Unterkiefer bzw. hinter den Ohren fixiert. Zum Schluss wird der aufblasbare Ballon des Tubus (Cuff) zur Abdichtung der Trachea mit einer Spritze „geblockt“, sodass eine gute Ventilation gesichert ist.

B Die **Beatmung** des Reanimationspatienten spielt eine große Rolle für die Sauerstoffversorgung. Nach der Intubation wird eine kontinuierliche Beatmung mit einer Frequenz von 10 Atemzügen/min begonnen. Dabei wird auf ein Verhältnis von Inspiration zu Exspiration von 1 : 2 geachtet. Das heißt, zwei Sekunden Inspiration : vier Sekunden Exspiration. Eine Unterbrechung der Herzmassage wird dabei nicht empfohlen. Dies ist mit einem Team von zwei oder mehr Personen gut möglich. Bei einer Reanimation mit nur einer Person sollte die Beatmung mit zwei Atemzügen im Wechsel mit 30 Herzkompressionen erfolgen. Im Zweifelsfall kann bei ausreichender Thoraxkompression beim intubierten Tier auch auf die Beatmung verzichtet werden, da die Kompression des Thorax allein bereits einen Luftfluss in den Lungen ermöglicht.

C Die Unterstützung des **Kreislaufs** (Circulation) erfolgt beim Herzstillstand initial durch die Herzmassage bzw. die Thoraxkompression. Dazu stellt sich der Reanimierende seitlich neben den Patienten und beugt sich darüber. Dies kann an einem Tisch sein, auf dem der Patient liegt, oder bei nicht höhenverstellbaren Tischen oder großen Patienten auf dem Boden. Dabei sollte der Reanimierende am Rücken des Tieres stehen, damit der Patient während der Reanimation nicht weggeschoben wird (▶ Abb. 4-1).

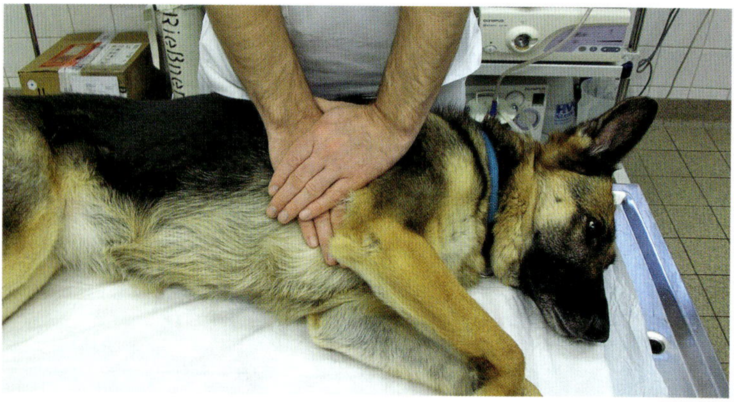

Abb. 4-1 Reanimation eines Hundes mittels direkter Herzmassage mit zwei Händen. **Beachte:** Die Ellenbogen des Reanimierenden sind gestreckt und die Schultern sind über dem Patienten. Der Reanimierende steht am Rücken des Tieres.

Normalerweise werden Hunde und Katzen zur Reanimation auf der Seite gelagert. Die Herzkompression erfolgt dabei durch Druck auf den seitlichen Thorax. Tiere mit einem tonnenförmigen Thorax können auch auf dem Rücken gelagert werden, wobei die Herzmassage wie beim Menschen durch Kompression des Sternums erfolgt (▶Abb. 4-2).

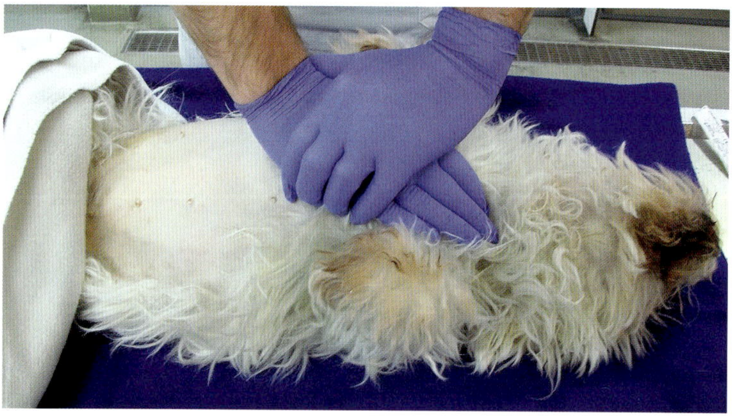

Abb. 4-2 Reanimation eines Hundes mittels direkter Herzmassage in Rückenlage

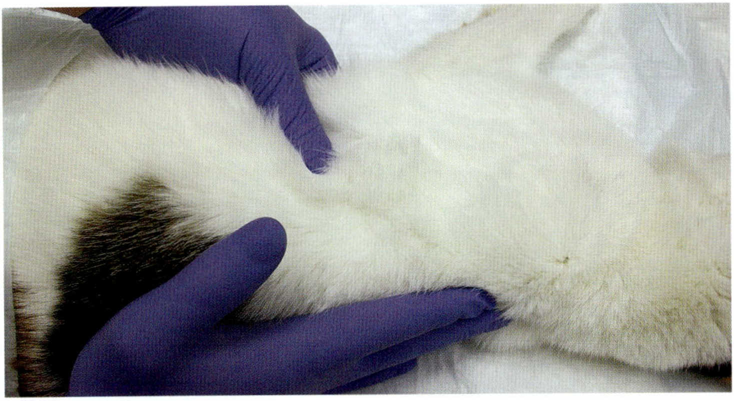

Abb. 4-3 Reanimation einer Katze mittels direkter Herzmassage mit einer Hand. **Beachte:** Die andere Hand verhindert das Wegrutschen des Tieres durch Gegendruck an der Wirbelsäule.

Bei kleinen Tieren unter 5 kg Körpergewicht wird zur Reanimation der Thorax im Bereich der Herzbasis mit einer Hand komprimiert (▸Abb. 4-3).

Bei Tieren zwischen 5 und 15 kg KGW wird die Herzkompression mit beiden Händen über der Herzbasis durchgeführt (▸Abb. 4-4).

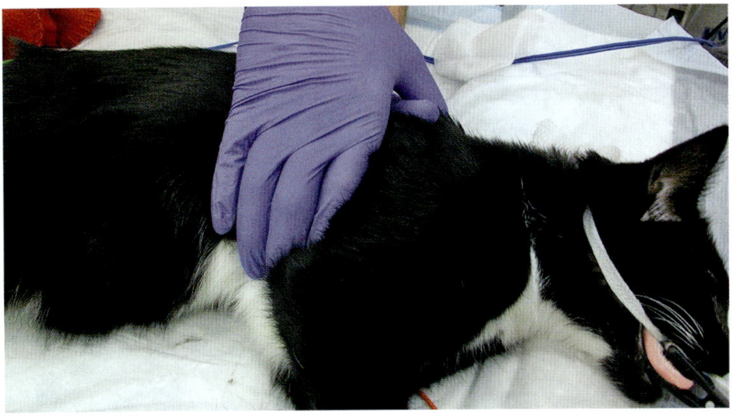

Abb. 4-4 Reanimation einer Katze mittels direkter Herzmassage mit zwei Händen, die den Brustkorb umfassen

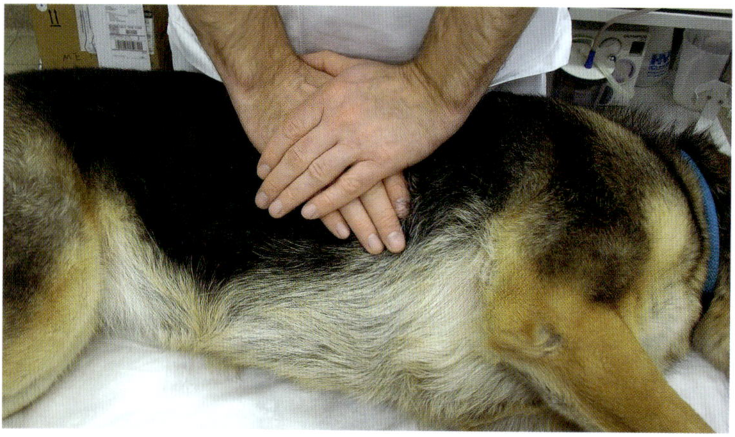

Abb. 4-5 Reanimation eines Hundes mittels Thoraxkompression im Bereich der höchsten Stelle des Thorax, ca. am neunten Interkostalraum

Bei Tieren über 15 kg erfolgt die Unterstützung der Zirkulation durch **Kompression des Thorax** an der Stelle des größten Durchmessers (▸ Abb. 4-5). Dabei wird bei der Kompression der Druck im Thorax erhöht und das Blut aus dem Thorax in die Zirkulation gepresst. Bei Relaxation des Thorax wird durch den Unterdruck das Blut aus den venösen Gefäßen in den Thorax gesaugt. Bei der Thoraxkompression sollte ca. ein Drittel bis die Hälfte des Thoraxdurchmessers komprimiert werden. Dabei erfolgt die Kompression mit einer Frequenz von 100–120/min. Neben der Kompression ist die Relaxation von großer Bedeutung.

Beispielhafte Videos von der Durchführung einer Herzmassage bei Hund und Katze finden Sie auf tfa-wissen.de unter:

svg.to/herzmassage_einhaendig

svg.to/herzmassage_beidhaendig

svg.to/herzmassage_rueckenlage

Mithilfe der Thoraxkompression bzw. Herzmassage kann nur ein Teil der normalen Herzauswurfleistung erreicht werden. Jede Unterbrechung der Massage führt zu einem erneuten Abfall der Gewebeperfusion. Daher sollte die Kompression kontinuierlich durchgeführt und nur alle zwei Minuten für max. zehn Sekunden zum Wechsel des Reanimierenden und zur Evaluierung von Puls und EKG unterbrochen werden.

Unter Zuhilfenahme der **offenen Herzmassage** kann die Herzauswurfleistung durch direkte Herzmassage erhöht werden. Die direkte Herzmassage sollte begonnen werden, wenn bereits eine Eröffnung des Thorax vorliegt (z.B. bei Rippenserienfrakturen oder Thoraxverletzungen), bei Abdominaloperationen, bei Pleuralspalterkrankungen bzw. Perikardergüssen oder bei erfolgloser Reanimation über ca. 10 min.

BEACHTE

Der Basic Life Support beinhaltet:

- Erkennen der Reanimationspflichtigkeit: nicht ansprechbar, keine Atmung
- Sicherung der Atemwege
- Beatmen mit 10 Atemzügen/min
- Herzmassage mit 100–120 Kompressionen/min

4.6 Advanced Life Support – Weitere Maßnahmen

Sobald die Basismaßnahmen der Wiederbelebung ergriffen wurden, ist das weitere Ziel, einen funktionellen **Gefäßzugang** zu legen, den **Herzrhythmus** festzustellen und diesen gezielt mit Notfallmedikamenten zu therapieren.

Die Route der ersten Wahl für die Applikation von Notfallmedikamenten ist i.v. Dazu sollte ein möglichst großlumiger **Venenkatheter** in die V. cephalica oder V. saphena gelegt werden. Bei Katzen ist die V. saphena medialis meist deutlich besser sichtbar und damit zugänglicher als die V. saphena lateralis. Falls diese Venen aufgrund von Hypovolämie und Hypotension nicht zugänglich sein sollten, können sie durch einen Hautschnitt über der Vene dargestellt werden (**Venotomie**). Ein S-förmiger Schnitt sorgt dabei für eine gute Darstellung der Vene. Alternativ lässt sich die V. jugularis selbst bei Patienten mit sehr schlechter Perfusion häufig noch darstellen und mit einem Venenkatheter punktieren.

Die Methode der zweiten Wahl ist die **intraossäre Applikation**. Diese eignet sich insbesondere bei Welpen und Jungtieren sowie bei Heimtieren. Bei ausgewachsenen Hunden und Katzen ist diese Methode aufgrund der fortgeschrittenen Verkalkung der Knochen deutlich schwieriger. Bei kleinen Patienten ist der Zugang durch Punktion des Knochens mit einer Standard-Kanüle am proximalen Humerus, am Femur, an der Crista iliaca oder an der Tibia möglich. Dabei wird die Substantia compacta, also die harte Knochensubstanz perforiert und die Kanüle in

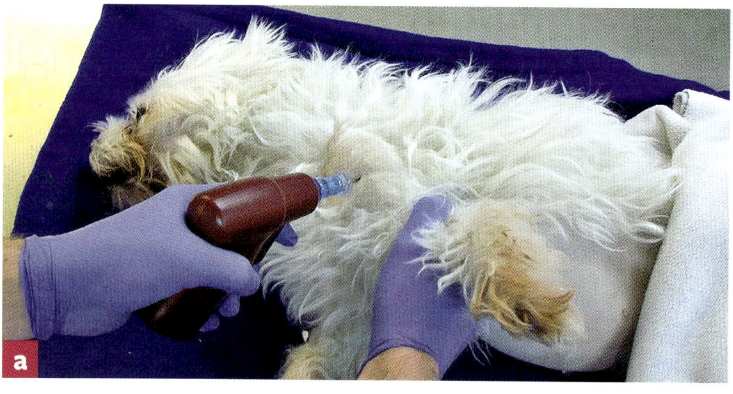

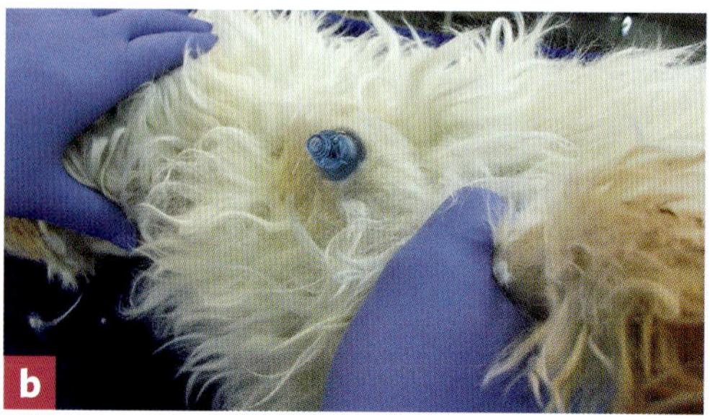

Abb. 4-6 Legen eines intraossären Zugangs am Humerus eines Hundes mithilfe des Knochenbohrers (EZ-IO®).
a Ansetzen des Bohrers am Humerus
b eingesetzter Zugang

die Markhöhle vorgeschoben. Bei ausgewachsenen Tieren ist dazu eine Knochenmarkskanüle oder weiteres spezielles Werkzeug für das Legen eines intraossären Zugangs nötig (▶ Abb. 4-6). In das Knochenmark können dieselben Medikamente und Lösungen wie auch in die Vene verabreicht werden. Auch die Dosierung bleibt gleich.

Zwei Videos, in denen das Legen intraossärer Zugänge mittels eines EZ-IO® Intraossär-Bohrers bzw. einer Nadel demonstriert wird, finden Sie auf tfa-wissen.de unter:

svg.to/intraossaerer_zugang_bohrer

svg.to/intraossaerer_zugang_nadel

Die Methode der dritten Wahl ist die **intratracheale Applikation**. Dazu wird ein Harnkatheter oder eine ähnliche Sonde in den Tubus eingeführt. Die Öffnung sollte dabei nicht im Tubus, sondern in der Trachea zum Liegen kommen. Über diese Sonde können die Reanimationsmedikamente in der etwa doppelten Dosis wie intravenös mit einer Verdünnung von 1 : 3 bis 1 : 4 appliziert werden.

Die vor Jahren praktizierte intrakardiale Applikation birgt sehr viele Risiken wie eine Myokardschädigung und die Perforation der Herzkranzgefäße und gilt daher als veraltet und nicht mehr gebräuchlich.

Zur **Evaluierung des Herzrhythmus** wird nach Etablierung der Basismaßnahmen ein EKG angefertigt. Häufige Abweichungen in der Untersuchung sind Asystolie, Bradyarrhythmien, pulslose elektrische Aktivitäten, Tachyarrhythmien und Kammerflimmern. Die pulslose elektrische Aktivität kann wie ein normaler Herzrhythmus aussehen, jedoch wird keine Pulswelle generiert, da dieser Rhythmus nicht für eine adäquate Kontraktion des Herzmuskels sorgt.

Im Falle einer **Bradyarrhythmie**, einer **pulslosen elektrischen Aktivität** oder einer **Asystolie** wird die Therapie mit Adrenalin empfohlen. Dazu wird initial eine niedrige Dosis von 0,01 mg/kg KGW appliziert. Bei ausbleibendem Erfolg wird nach 3–5 min dieselbe Menge nachdosiert.

Mit dieser Dosis wurden bisher die größten Erfolge in der Reanimation erzielt. Falls auch bei der zweiten Applikation der Erfolg ausbleibt, wird mit einer Dosis von 0,1 mg/kg alle 3–5 min bis zum Erfolg nachdosiert. Bei dieser Dosis wurde von den besten Ergebnissen nach Rückkehr der Spontanzirkulation berichtet.

Die Verwendung von Atropin tritt in der Reanimation immer weiter in den Hintergrund. Der Einsatz beschränkt sich auf die **vagal bedingte Bradykardie**, bei der es in einer Dosis von 40 µg/kg KGW alle 5 min verabreicht werden sollte.

Im Falle von **Kammerflimmern**, welches bei ca. 20 % der Reanimationen in der Tiermedizin vorkommt, wird der Einsatz von Defibrillatoren empfohlen. Dazu werden die Elektroden am seitlichen Thorax so angelegt, dass der Strom durch das Herz fließt. Vor dem Anlegen der Elektroden wird das Fell geschoren und mit Gleitgel der Kontakt gesichert. Das Ziel des Einsatzes eines Defibrillators ist es, die unkoordiniert kontrahierenden Herzmuskelzellen gleichzeitig in eine Refraktärphase zu bringen. Initial wird mit 2–4 J/kg KGW (*biphasisch*) bzw. 4–6 J/kg (*monophasisch*) geschockt. Die Dosis kann schrittweise auf 10 J/kg gesteigert werden. Während der Defibrillation ist jeder Kontakt zum Patienten oder zum Tisch untersagt! Unmittelbar nach der Defibrillation sollte die Herzmassage fortgesetzt werden. Erst nach zwei Minuten, beim Wechsel der Reanimierenden, sollte der EKG-Rhythmus erneut evaluiert und ggf. erneut defibrilliert werden.

BEACHTE

Aufgrund der **Brandgefahr** sollte bei der Defibrillation auf Alkohol als Kontaktmittel verzichtet werden.

Während der Defibrillation darf keine Person Kontakt zum Patienten oder zum Tisch haben!

Eine **Alternative zur Defibrillation** ist die Applikation von entweder Amiodaron mit einer Dosis von 5 mg/kg KGW oder 2 mg/kg Lidocain. Damit kann die Erregungsleitung am Herzen vermindert und ggf. das Kammerflimmern reduziert werden. Alternativ wird der präkordiale Faustschlag beschrieben. Hierbei wird mit der Faust auf das Sternum im Bereich des Herzens geschlagen, mit der Hoffnung, die ungeordnete Kontraktion des Herzmuskels zu stoppen. Der Effekt dieser Maßnahme ist nicht sicher nachgewiesen.

Eine starke intravenöse Flüssigkeitstherapie wird mit Ausnahme von hypovolämischen Patienten **nicht** mehr empfohlen.

4.7 Monitoring

Zur Überwachung der Reanimation eignet sich die endexspiratorische CO_2-Messung ($EtCO_2$). Insbesondere bei Patienten mit dem Risiko eines Herzstillstands kann die **Kapnographie** zur Erkennung eines Stillstands dienen, wozu die Tiere jedoch intubiert sein müssen. Während der Reanimation kann die Kapnographie zur Feststellung der Effizienz der Herzmassage dienen. Des Weiteren weist ein CO_2-Anstieg während der Reanimation auf eine wiederkehrende Herzaktivität und den Aufbau eines vom Tier selbst generierten Blutdrucks hin. Nach erfolgreicher Reanimation kann mit der Kapnographie ein erneuter Herzstillstand (Arrest) frühzeitig erkannt werden.

Die **Palpation des Pulses** kann durchaus zur Feststellung einer Wiederkehr der Spontanzirkulation genutzt werden. Allerdings sollte dazu die Herzmassage nicht extra unterbrochen werden, sondern die Zeit während des Personenwechsels genutzt werden.

Das **EKG-Monitoring** wird bei Patienten mit dem Risiko eines Herzstillstands zur Beurteilung der Herzaktivität zwischen den Herzmassagen sowie nach erfolgreicher Reanimation zur Erkennung eines erneuten Arrests eingesetzt.

4.8 Nach der Reanimation

Bis zu 24 h nach erfolgreicher Reanimation erleidet ein Großteil der Patienten einen **erneuten Arrest**. Daher sollte während dieser Zeit der Kreislauf und die Atmung optimal unterstützt werden.

Dazu eignet sich eine adäquate **Infusionstherapie**, jedoch sollte eine starke Hypervolämie vermieden werden. Der Blutdruck sollte so unterstützt werden, dass der MAP in den ersten vier Stunden über 140 mmHg und danach über 100 mmHg liegt. Dies kann mit der kontinuierlichen Verabreichung von Dopamin und Norepinephrin erreicht werden. Die Messung des Blutdrucks sollte in regelmäßigen Zeitabständen erfolgen. Um die Gewebeperfusion zu beurteilen, eignet sich die Laktatmessung.

Zur Unterstützung der **Sauerstoffversorgung** kann über einen Tubus, eine Maske oder eine Nasensonde O_2 zugeführt werden. Nach der Reanimation sollte der Tubus so lange wie möglich in der Trachea belassen werden. Zugleich sollten die Tiere möglichst lange beatmet werden, um das $EtCO_2$ im unteren Referenzbereich (32–43 mmHg) zu halten.

4.9 Nachbesprechung

Jede Reanimation sollte im Nachhinein besprochen werden. Dabei sollten sowohl positive als auch verbesserungswürdige Aspekte genannt werden. Ziel ist es, die Abläufe und die Koordination des Reanimationsteams stetig zu verbessern.

4.10 Prognose

Bei ca. 30 % der reanimationspflichtigen Tiere kann eine Rückkehr der Spontanzirkulation erreicht werden. Davon geht allerdings ein Großteil in einen erneuten Arrest oder wird aufgrund der Ursache bzw. der neurologischen Folgen des Arrests euthanasiert. Letztlich werden nur ca. 4–6 % der Tiere, die reanimiert wurden, aus der Klinik entlassen. Eine deutlich bessere Überlebenschance von ca. 40 % haben Tiere, die im Rahmen einer Anästhesie einen Arrest bekommen. Diese sind meist bereits mit einem Venenkatheter versehen, intubiert und mit O_2 versorgt, sodass das Gehirn eine längere Hypoperfusion länger tolerieren kann. Nach der Reanimation können trotz allem neurologische Schäden zurückbleiben. Das Ausmaß der bleibenden Schäden und inwiefern sich die Beeinträchtigungen des Tieres verbessern, lässt sich allerdings nicht vorhersagen.

5 Sedation von Notfallpatienten

Eine Anästhesie ist eine medikamenteninduzierte, reversible, also umkehrbare Herstellung einer Bewusstlosigkeit mit Muskelrelaxation und Analgesie. Eine Vorstufe davon ist die Sedation. Hierbei ist das Bewusstsein des Patienten reduziert, sodass Untersuchungen und Behandlungen ohne Abwehrbewegungen möglich sind. Selbstverständlich sollte die Sedation bei schmerzhaften Eingriffen auch eine Analgesie beinhalten. Die Übergänge zur Anästhesie sind fließend, sodass für die Sedation alle Vorsichtsmaßnahen wie für eine Anästhesie getroffen werden sollten.

Einige Notfallpatienten müssen aus verschiedenen Gründen sediert werden. Dies kann ein zusätzliches Risiko für den Patienten darstellen. Daher werden im Folgenden Überlegungen zur sicheren Sedation aufgeführt.

5.1 Gründe

Die Gründe für eine Sedation im Notfall sind vielfältig. Zum einen werden aggressive oder unruhige, systemisch gesunde Tiere für Verrichtungen wie die klinische Untersuchung, Blutentnahmen oder die

Durchführung von Ultraschall, Röntgen oder Verbandswechseln sediert. Insbesondere bei Traumapatienten ist gelegentlich eine Sedation zur Wund-Erstversorgung oder zum Anlegen eines Verbands nötig. Zum anderen müssen teilweise aber auch lebensbedrohlich erkrankte Patienten mit Atemnot, ein Kater mit Verlegung der Harnröhre oder Krampfpatienten sediert werden.

5.2 Risikobeurteilung

Eine Sedation ist wie eine Anästhesie ein **Risiko für den Patienten**. Die Atmung, das Herz-Kreislauf-System und das zentrale Nervensystem (ZNS) werden durch die Medikamente beeinflusst, was bis zum Tod des Patienten führen kann.

> **BEACHTE**
> Das Risiko bei einer Sedation zu versterben ist nicht geringer als bei einer Allgemeinanästhesie. Daher gelten für die Sedation dieselben Regeln wie für eine Anästhesie.

Zur Beurteilung des Risikos sollte der Patient, wenn möglich, vor der Medikamentenapplikation **klinisch untersucht** werden. Hierbei sollte der Fokus auf dem Herz-Kreislauf-System, der Atmung und dem ZNS liegen. Anschließend kann eine **Einteilung in Risikoklassen** vorgenommen werden (▶Tab. 5-1). Bei Abweichung wie z. B. Schock oder Atemnot sollte der Patient vor der Sedation je nach Abweichung möglichst mit einer Sauerstoffgabe oder einer Infusion stabilisiert werden. Vor allem auf Notfallpatienten kommen durch die besondere Situation oft noch zusätzliche Risiken zu. Hierzu zählt, dass die Tiere meist nicht nüchtern sind, der Magen gefüllt ist und damit ein Risiko für ein Erbrechen mit nachträglicher Aspiration besteht. Oft weisen die Patienten systemische Abweichungen in den oben genannten Organsystemen auf. Gelegentlich lassen sich besonders aggressive oder schmerzhafte Notfallpatienten nicht optimal untersuchen, sodass das Sedationsrisiko nur schlecht eingeschätzt werden kann. Bei einigen Notfällen ist auch eine zügige Sedation nötig, sodass keine Zeit für eine optimale Voruntersuchung oder Stabilisierung des Patienten bleibt. Dies spiegelt sich nicht nur im erhöhten Risiko wider, sondern muss auch in der Medikamentenauswahl, der Überwachung, der Planung und im Komplikationsmanagement Berücksichtigung finden.

Tab. 5-1 Risikobeurteilung des Anästhesiepatienten. Die Klassifikation wurde von der American Society of Anesthesiologists (ASA) übernommen. Die Grundlage der Einteilung bilden die Anamnese und die klinische Untersuchung des Patienten.

ASA-Klasse	Beschreibung	Beispiel
1	normal, gesund	Kastration
2	lokale Erkrankungen, leichte Allgemeinerkrankung, ohne Leistungseinschränkung	Hauttumor, Zehenfraktur
3	schwere Allgemeinerkrankung mit Leistungseinschränkung	chronische Nierenerkrankung, Fieber
4	schwere Allgemeinerkrankung, unter ständiger Lebensbedrohung	Schock, Anämie, Atemnot
5	moribund, wird ohne Anästhesie nicht überleben	schwere Sepsis in Seitenlage
N	Notfall, Anamnese und klinische Untersuchung sind nicht möglich	Status epilepticus, nicht untersuchbare wilde Katze

5.3 Vorbereitungen

Vorbereitung Patient: Auch für die Sedation sollten die Patienten wie bei der Anästhesie einen Venenkatheter erhalten, um Notfallmedikamente z. B. zur Vertiefung der Sedation verabreichen zu können oder Infusionslösungen zu applizieren. Sollte das Legen eines Venenkatheters initial nicht möglich sein, sollte dies im Rahmen der Sedation erfolgen. Bereits vor der Sedation ist es sinnvoll, etwaige Schmerzen mit Analgetika wie z. B. Opioiden zu therapieren.

Vorbereitung Material: Das Material sollte ebenso wie bei einer Anästhesie vorbereitet werden, da eine Sedation dieselben Nebenwirkungen erwarten lässt und manche Sedationen nahtlos in eine Anästhesie überführt werden. Hierzu zählen Intubationsmaterial und passende Tuben, O_2 und passende Applikationsmethoden, Reanimationsmedikamente, Venenkatheter, Infusionen sowie ein auf den Patienten abgestimmtes Monitoring (▶Abb. 5-1).

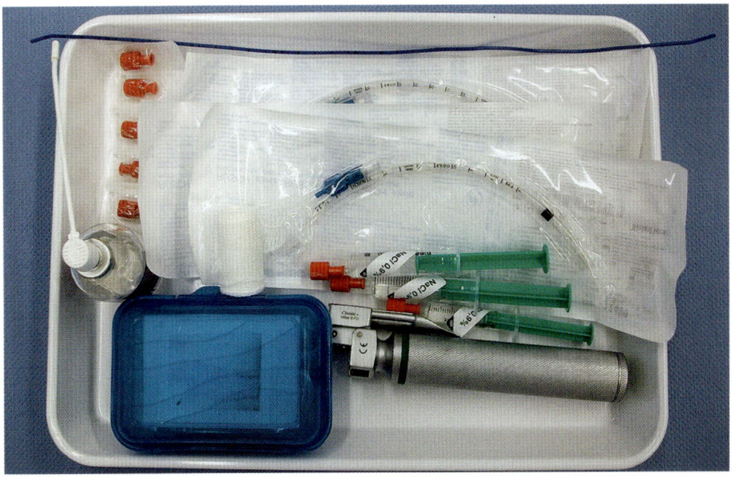

Abb. 5-1 Zur Sedation vorbereitetes Anästhesie-Set inklusive Intubationsmaterial und Notfallmedikamenten in der blauen Box

PRAXISTIPP

Eine Sedation sollte genau wie eine Anästhesie gut vorbereitet und geplant sein. Es können dieselben Nebenwirkungen auftreten.

Folgende Materialien werden für die Sedation benötigt:

Hautdesinfektionsmittel	ggf. Stilett als Intubationshilfe
Schermaschine	ggf. Lidocainspray
Tupfer	Blockspritze
2–3 Venenkatheter	Spüllösungen bzw. Spritzen
Fixierband für Venenkatheter	Sedationsmedikamente
Verband für Venenkatheter	Infusionslösung und Infusionsbesteck
Dreiwegehahn, ggf. mit Verlängerung	Notfallmedikamente mit Dosierungsliste
ggf. Blutröhrchen bei geplanter Blutentnahme	Einleitungsmedikament zur Notfall-einleitung
Tuben in drei Größen	Überwachungsprotokoll
Laryngoskop	Überwachungsgeräte (Stethoskop, ggf. Pulsoximeter, ggf. Multiparametermonitor
Fixierband für den Tubus	

5.4 Medikamente

Zur Sedation eignen sich die Medikamente der Anästhesie-Prämedikation (▶ Abb. 5-2). Hierbei handelt es sich häufig um **Kombinationen mehrerer Medikamente.** In vielen Kombinationen sind aufgrund ihrer sedativen und analgetischen Eigenschaften Opioide enthalten. Diese eignen sich meist gut zur Sedation kritisch kranker Patienten, da sie in geringen Dosierungen kaum Nebenwirkungen auf das Herz-Kreislauf-System und die Atmung besitzen. Für schmerzhafte Patienten sind µ-Agonisten wie Methadon und Fentanyl, für nicht schmerzhafte ist eher Butorphanol zu empfehlen. Butorphanol hat eine etwas stärkere sedative Wirkung als Methadon und kann insbesondere bei sehr kritischen Patienten auch als alleinige Sedation verwendet werden.

Häufig werden zur Sedation auch **Alpha-2-Agonisten** wie Medetomidin verwendet. Diese haben einen sehr starken sedativen Effekt, welcher in Kombination mit Opioiden noch verstärkt und stabilisiert wird. Leider haben Alpha-2-Agonisten auch viele Nebenwirkungen. Sie können zur Atemdepression führen, sorgen initial über eine Vasokonstriktion für einen Blutdruckanstieg, was eine Hypoperfusion der Schleimhäute und eine Reflexbradykardie zur Folge hat. Zudem wirken Alpha-2-Agonisten Insulin-antagonistisch und erhöhen die Harnproduktion. Sie sind aufgrund der Nebenwirkungen vor allem für stabile ASA 1-2-Patienten geeignet. Bei Patienten mit Herz-Kreislauf-Erkrankungen, Atemnot und Nierenerkrankungen sollten Alpha-2-Agonisten hingegen nicht zum Einsatz kommen. Bei Patienten, die eine Dauersedation benötigen, können diese Medikamente als Dauertropf mehrere Tage verabreicht werden. Durch den Antagonisten Atipamezol kann die Wirkung sehr schnell aufgehoben werden.

Benzodiazepine werden vor allem bei sehr jungen und sehr alten Patienten zur Sedation eingesetzt. Bei gesunden erwachsenen Tieren können sie vor allem bei intravenöser Verabreichung zu paradoxen Reaktionen wie Unruhe und Aufregung führen. Insbesondere Diazepam sollte aufgrund der sehr langsamen Resorption aus der Muskulatur bevorzugt i.v. verabreicht werden.

Acepromazin sollte aufgrund seines stark vasodilatativen Effekts, des langsamen Wirkungseintritts und der langen Wirkdauer bei Notfallpatienten **nicht** zum Einsatz kommen.

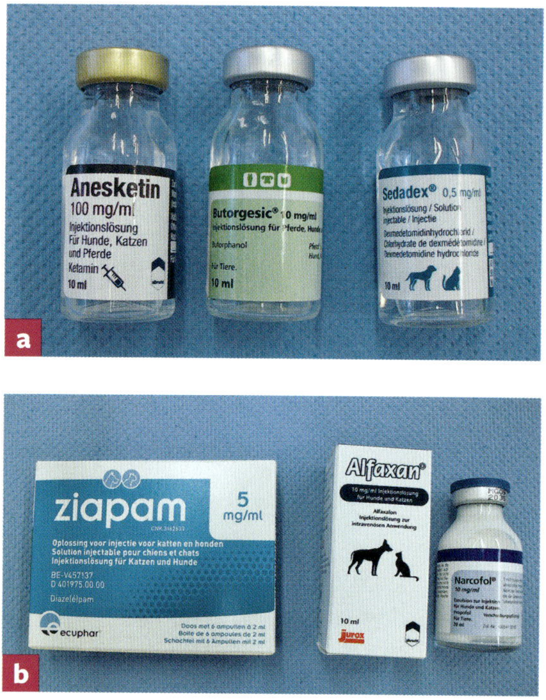

Abb. 5-2 Häufig benutzte Medikamente zur Sedation.
a Ketamin, Butorphanol, Dexmedetomidin
b Diazepam, Alfaxalon, Propofol

Alle Sedativa benötigen eine gewisse Zeit bis zum Eintritt der maximalen Wirkung. Nach i.v.-Gabe sind dies meist ca. 5–10 min, nach i.m.-Gabe ca. 10 min. Diese Zeit sollte man dem Patienten auch geben, bevor der Eingriff gestartet wird. In der Wartezeit ist es hilfreich, äußere Reize wie Lärm, Berührung und Schmerzen zu vermeiden. Mit hohen Arzneimittel-Dosen lässt sich die Zeit bis zum Wirkungseintritt vermindern. Damit werden allerdings auch die Nebenwirkungen verstärkt und die Wirkdauer erhöht. Daher empfiehlt es sich, eine möglichst geringe Dosis mit adäquater Einwirkzeit zu wählen.

Antagonisten: Viele zur Sedation verwendete Medikamente können antagonisiert werden. Dadurch wird ihre Wirkung auf das ZNS, die Atmung und den Kreislauf vermindert. Bei vielen Antagonisten beträgt die Wirkdauer ca. 30 min. Daher kann es beim Einsatz hoher Dosen des Sedativums nach Verabreichung des Antagonisten zur erneuten

Sedation nach ca. 30–60 min kommen. Dies sollte bei der Wahl der Dosierung des Sedativums bedacht werden. Zudem sollten die Besitzer des Patienten über dieses Phänomen informiert werden.

Wie bei der Anästhesie muss auch bei der Sedation auf eine **adäquate Analgesie** geachtet werden. Sobald dem Protokoll eine optimale Analgesie hinzugefügt wird, reduziert sich die benötigte Menge des Sedativums. Zudem sollten Medikamente gewählt werden, die auch eine Analgesie *nach* der Sedation sicherstellen. Wo immer möglich, sind zur Analgesie auch Lokalanästhetika zu verwenden. Diese können in Form einer Infiltrationsanästhesie, einer Leitungsanästhesie bis hin zu einer Epiduralanästhesie verwendet werden.

Die Prämedikation bzw. Sedation sollte an die Risikoklasse des Patienten und die Schmerzhaftigkeit des Eingriffes angepasst werden (▶ Tab. 5-2). Bei stark aufgeregten Tieren wird der obere Dosisbereich verwendet. Sehr ruhige, kranke oder alte Tiere erhalten eine Dosis entsprechend dem unteren angegebenen Bereich.

Tab. 5-2 Beispielhafte Sedationsprotokolle für Notfallpatienten (Hunde und Katzen)

ASA Klasse; Schmerzhaftigkeit des Eingriffes	Opioid	Weitere Medikamente
ASA 1–2; schmerzhaft	Methadon 0,1–0,4 mg/kg i.v.	+ Dexmedetomidin 5 mg/kg i.v.
ASA 1–2; nicht schmerzhaft	Butorphanol 0,1–0,4 mg/kg i.v.	+ Dexmedetomidin 5 mg/kg i.v.
ASA 3–5; schmerzhaft	Methadon 0,1–0,4 mg/kg i.v.	evtl. Diazepam 0,2–0,5 mg/kg i.v.
ASA 3–5; nicht schmerzhaft	Butorphanol 0,1–0,4 mg/kg i.v.	evtl. Diazepam 0,2–0,5 mg/kg i.v.

Einleitungsmedikamente: Sobald der Patient in einem bewusstlosen Zustand ist, wie es nach der Gabe von Einleitungsmedikamenten der Fall ist, sprechen wir von einer Anästhesie. Bei manchen Sedationen reicht der Grad der Sedation nicht aus. In diesen Fällen hilft eine erneute Applikation der Prämedikation in halber Dosis oder die Vertiefung mit einem Einleitungsmedikament wie Ketamin, Propofol oder Alfaxalon. Spätestens beim Einsatz der Einleitungsmedikamente sollten alle anästhesierelevanten Vorsorgemaßnahmen getroffen werden.

5.5 Überwachung

Genau wie bei einer Vollnarkose sollte der Patienten während der Wirkdauer der Medikamente möglichst gut überwacht werden. Dafür muss in jedem Einzelfall überlegt werden, welche Komplikationen auftreten können. Jeder sedierte Patient birgt das Risiko, eine Hypotension, Hyperventilation, Hypoxämie und/oder Hypothermie zu entwickeln und sollte daraufhin überwacht werden. Bei Notfallpatienten können je nach Situation diese Komplikationen deutlich häufiger auftreten sowie andere Komplikationen hinzukommen.

Die Überwachung sollte vor allem unter klinischen Aspekten durchgeführt werden. Des Weiteren ist, wenn möglich, der Einsatz eines Pulsoximeters anzuraten (▶Abb. 5-3). Bei besonders kritischen Patienten kann zudem der Blutdruck überwacht, ein EKG geschrieben und bei intubierten Patienten auch eine Kapnographie durchgeführt werden.

Für manche Patienten ist eine Allgemeinanästhesie weniger riskant als eine Sedation, da hierbei die Atemwege durch eine Intubation gesichert sind und O_2 über den Tubus verabreicht werden kann. Zudem ist die Überwachung bei einer Allgemeinanästhesie oft einfacher möglich als bei einer Sedation.

Post-Sedations-Betreuung: Auch nach der Sedation sollten die Tiere bis zur sicheren Wiederherstellung der Schutzreflexe unter Beobachtung bleiben und ggf. O_2 verabreicht bekommen. Einige Sedativa erhöhen die Urinproduktion. Daher ist zum Ausgleich der Flüssigkeitsverluste auch post-sedativ eine Infusionstherapie für einige Stunden hilfreich.

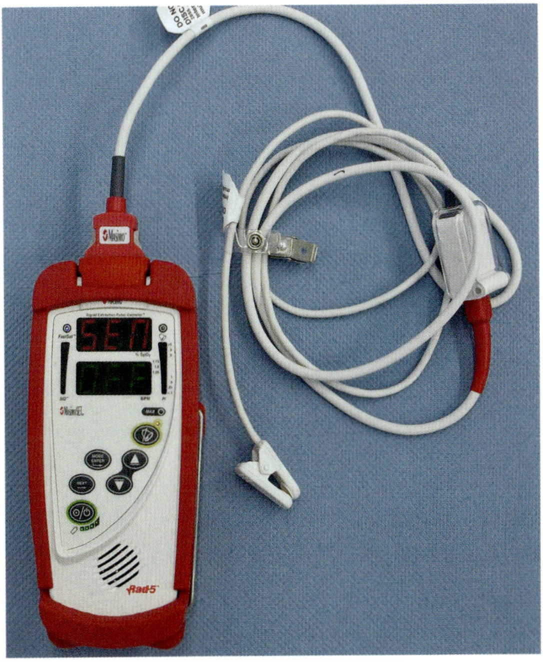

Abb. 5-3 Portables Pulsoximeter für die Überwachung sedierter Patienten

Ebenso sollte die Körpertemperatur des Patienten überwacht werden. Insbesondere bei ausgekühlten Patienten werden die Medikamente langsamer abgebaut. Mit einer optimalen Wärmung kann somit auch die Aufwachzeit vermindert werden.

Wie bei einer Anästhesie ist auch bei der Sedation die Dokumentation der verwendeten Medikamente und der Vitalparameter notwendig und hilft, etwaige Komplikationen besser zu therapieren.

Wir geben Antworten!
TFA-WISSEN
Praxiswissen von Profis –
für alle, die es werden wollen.
• Übersichtlich und leicht verständlich
• Zusatzmaterial und Videos auf tfa-wissen.de
Cécile-Simone Alexander
Laufbandtraining und Hydrotherapie
Grundlagen und Trainingskonzepte für Hunde
NEU
ISBN 978-3-89993-981-1
€ 34,95 [D] · € 36,00 [A]
Patricia Kaulfuß (Hrsg.)
Verhaltensprobleme bei der Katze
Von den Grundlagen bis zum Management
schlütersche
ISBN 978-3-89993-974-3
€ 29,95 [D] · € 30,80 [A]
Svenja Holle | Emanuel Holle
Tod und Trauer in der Kleintierpraxis
Euthanasie kompetent begleiten
schlütersche
ISBN 978-3-89993-977-4
€ 24,95 [D] · € 25,70 [A]
Angelika Drensler
Cattitude
Wie wir Katzen in der Tierarztpraxis verstehen und ihnen das Leben leichter machen
ISBN 978-3-89993-973-6
€ 24,95 [D] · € 25,70 [A]
Patricia Solms (Hrsg.)
Verhaltensprobleme beim Hund
Von den Grundlagen bis zum Management
NEU
ISBN 978-3-89993-978-1
€ 29,95 [D] · € 30,80 [A]
René Dörfelt
Häufige Notfälle bei Hund und Katze
vorbereiten, erkennen und managen
NEU
ISBN 978-3-89993-980-4
€ 34,95 [D] · € 36,00 [A]
Stand Juni 2019. Änderungen vorbehalten.
Auch als E-Books erhältlich.
Jetzt im Buchhandel oder auf www.tfa-wissen.de bestellen.
schlütersche

Anhang

Glossar

Abdomen/abdominal: Anatomie: der Bauch/den Bauch betreffend

Adspektion: optische Betrachtung

Agonie: Todeskampf

Agonist: Neurobiologie: Substanz, deren Wirkung am Rezeptor dem natürlichen Molekül gleicht

Anämie: Blutarmut

Anisokorie: die Pupillen beider Augen sind unterschiedlich groß

Antagonist: Substanz, deren Wirkung die einer anderen Substanz aufhebt oder abschwächt

Antiemetikum: Substanz mit hemmender Wirkung auf das Erbrechen

Antikoagulanz: Substanz mit gerinnungshemmender Wirkung

Antitussivum: Substanz zur Minderung/Verhinderung von Husten

Arrest: Stillstand, z. B. Herzstillstand

Arrhythmie (Herz): Herzrhythmusstörung

Aspiration: Einatmen von Flüssigkeiten oder Fremdkörpern

Asystolie: kein Herzschlag, EKG mit Nulllinie

Aszites: Bauchwassersucht; Ansammlung von Flüssigkeit in der Bauchhöhle

Auskultation/auskultieren: Abhören des Körpers

auto-: (für) sich selbst

Azotämie: Anreicherung stickstoffhaltiger, harnpflichtiger Substanzen im Blut

bilateral: beidseitig

Bradyarrhythmie: langsamer Herzschlag, mit Rhythmusstörungen einhergehend, z. B. AV-Block

Bradykardie: unphysiologisch verringerte Herzfrequenz

Bronchodilatation: Weitung der Atemwege (Bronchien)

Cave!: Achtung!/Warnung!

Chylothorax: Ansammlung von Lymphflüssigkeit im Pleuralspalt

Dekompensation/dekompensiert: Zustand, in dem der Körper einen pathologischen Zustand nicht mehr aus eigener Kraft ausgleichen kann und es zur Symptomatik kommt

diffus: unscharf, nicht abgegrenzt

disseminierte intravasale Gerinnung: pathologische, überschießende Gerinnung des Blutes in den Gefäßen

distal: Richtungsbezeichnung „vom Körperzentrum entfernt“

dorsal: Richtungsbezeichnung „zum Rücken hin“

Drainage: Hilfsmittel für die Ableitung/Absaugung von Körperflüssigkeiten oder Gasen

Dyspnoe: Atemnot

Femur: Anatomie: Oberschenkelknochen

Flowchart: Flussdiagramm

Fraktur: Knochenbruch

Hämatom: Blutansammlung im Gewebe bzw. in einer Körperhöhle

Hämoabdomen: Ansammlung von Blut in der Bauchhöhle

Hämokonzentration: Eindickung des Blutes durch verhältnismäßig mehr Blutkörperchen auf weniger Plasma

Hämolyse: Zerplatzen/Kaputtgehen von roten Blutkörperchen

Hämostase: physiologische Prozesse der Blutgerinnung

Hämostypika/Hämostatika: Substanzen mit Gerinnungswirkung auf das Blut

Hämothorax: Ansammlung von Blut im Pleuralspalt

Hemi-/Tetraparese: unvollständige Lähmung der Beine einer Körperhälfte (Hemi-) oder aller vier Beine (Tetra-)

Humerus: Anatomie: Oberarmknochen

Hyper-/Hypo-: zu viel/zu wenig bzw. zu hoch/zu niedrig

-glykämie: Zuckergehalt im Blut

-natriämie: Natriumgehalt im Blut

-kaliämie: Kaliumgehalt im Blut

-calcämie: Calciumgehalt im Blut

-proteinämie: Proteingehalt im Blut

-volämie: Flüssigkeitsvolumen im Blut

-tension: Blutdruck

-thermie: Körpertemperatur

Hypoxie/hypoxisch: Sauerstoffmangel

idiopathisch: ungeklärte/nicht erkennbare Ursache

immunmediiert: vom Immunsystem ausgehend

Inhibition/inhibieren/Inhibitor: Hemmung/hemmen/Hemmer

Interkostalraum: Anatomie: Zwischenrippenraum

Intoxikation: Vergiftung

intramuskulär: in den Muskel

intraossär: in den Knochen

intravenös: in die Vene

Intubation/intubieren: Einführen eines Tubus (Hohlsonde) in die Luftröhre

irreversibel: nicht rückgängig zu machen

Kapnographie: Analyse des CO_2-Gehaltes in der Ausatemluft

kardial/kardiogen: vom Herzen ausgehend

kaudal: Richtungsbezeichnung „zum Schwanz hin“

Kompensation/kompensiert: Zustand, in dem der Körper einen pathologischen Zustand effektiv aus eigener Kraft ausgleichen kann, sodass keine Symptome sichtbar sind

Kontraindikation/kontraindiziert: Gegenanzeige; Tatsache, die gegen die Durchführung einer Tätigkeit spricht

kranial: Richtungsbezeichnung „zum Kopf hin“

Krepitation: knirschendes Geräusch, das infolge des Aneinanderreibens von Knochenstücken entsteht

Laparatomie: operative Eröffnung der Bauchhöhle

Larynx: Anatomie: Kehlkopf

lateral: Richtungsbezeichnung „seitlich“

Leukozytose (Linksverschiebung): Erhöhung der Zahl weißer Blutkörperchen (mit vermehrtem Auftreten unreifer neutrophiler Granulozyten, meist infolge einer akuten Infektion)

Liquidothorax: Ansammlung von Flüssigkeit im Pleuralspalt

medial: Richtungsbezeichnung „mittig“

Miosis: Pupillenverengung

Mydriasis: Pupillenerweiterung

nekrotisch: Gewebe mit abgestorbenen Zellen

neurologisch: das Nervensystem betreffend

Neutropenie: Mangel an Neutrophilen Granulozyten (zelluläre Komponente des angeborenen Immunsystems)

Obstruktion: Verstopfung

Ödem/Ödematisierung: Wasseransammlung im Gewebe

Opisthotonus: Krampf in der Streckmuskulatur des Rückens mit folgender Überstreckung von Rücken und Hals

Palpation/palpieren/palpabel: Fühlen/Ertasten/tastbar

Parenchym/parenchymatös: Gewebe eines Organs

Perforation: Durchstoßung eines Gewebes

Perikard: Anatomie: Herzbeutel

Perkussion: diagnostisches Klopfen auf die Körperoberfläche mit den Händen oder unter Zuhilfenahme von Werkzeugen

plasmatische Gerinnung: die von den im Plasma vorliegenden Gerinnungsfaktoren ausgehende Blutstillung (Gegenstück: zelluläre Gerinnung, von den Thrombozyten ausgehend)

Pleura: Anatomie: Brustfell (dünne Haut, welche die Lunge und die Rippen innerhalb des Brustkorbes umgibt und so den Pleuralspalt bildet)

Pleuralspalt: siehe Pleura

Pneumonie: Lungenentzündung

Pneumothorax: Ansammlung von Luft im Pleuralspalt

Polypnoe: beschleunigte Atmung

Polyurie: vermehrte Harnausscheidung

proximal: Richtungsbezeichnung „zum Körperzentrum hin“

pulslose elektrische Aktivität: elektrische Erregung des Herzmuskels, welche keine koordinierte Kontraktion des Herzens nach sich zieht und somit keinen Puls generiert

phyhsiologisch: dem gesunden Normalzustand des Körpers entsprechend

Radius: Anatomie: Speiche

Sedation/sedieren/Sedativum: Dämpfung des zentralen Nervensystems/ Medikament das schläfrig macht

Sepsis: (Blutvergiftung) unkontrollierte Infektion, die über das Blut den gesamten Körper befällt

Signalement: Merkmale, die ein Tier charakterisieren (Alter, Geschlecht, ...)

Spasmus: Krampf/Verkrampfung

Stridor: pathologisches Atemgeräusch der oberen Atemwege

subkutan: unter die Haut

Tachyarrhythmie: schnelle Herzfrequenz mit Rhythmusstörungen, z. B. ventrikuläre Extrasystolen

Tachykardie: unphysiologisch gesteigerte Herzfrequenz

Thorakozentese: Punktion des Pleuralspalts

Thorax: Anatomie: Brustkorb

Thrombembolie: Verstopfung eines Blutgefäßes durch ein Gerinnsel mit der Folge einer O_2-Unterversorgung des nachgeschalteten Gewebes

Thrombolyse: Auflösung eines Blutgerinnsels

Thrombozytopenie: Mangel an Thrombozyten (für die Gerinnung zuständige Blutplättchen)

Tibia: Anatomie: Schienbein

Trochanter major: Anatomie: fühlbarer Knochenvorsprung am oberen Ende des Oberschenkelknochens

Tympanie/tympanisch: Aufgasung (von Teilen) des Magen-Darm-Trakts

Ulna: Anatomie: Elle

Uroabdomen: Ansammlung von Harn in der Bauchhöhle

vagal: durch den Vagus-Nerv vermittelt

vasoaktiv: mit Wirkung auf die Blutgefäße

Vasodilatation/vasodilatativ: Erweiterung der Blutgefäße

Vasokonstriktion: Verengung der Blutgefäße

Venotomie: Schnitt in eine Vene zum Legen eines Venenzugangs

ventral: Richtungsbezeichnung „zum Bauch hin"

Xyphoid: Anatomie: kleiner Fortsatz am hinteren Ende des Brustbeins

Zyanose/zyanotisch: bläuliche Verfärbung der Schleimhäute infolge eines Sauerstoffmangels

Literatur

Burkitt Creedon J M, Davis H (2012): Advanced Monitoring and Procedures for Small Animal Emergency and Critical Care. 1st Ed. Whiley-Blackwell, Chichester.

Eberspächer-Schweda E (2016): AnästhesieSkills: Perioperatives Management bei Klein-, Heim- und Großtieren (MemoVet). 1. Aufl., Schattauer, Stuttgart.

King L G, Boag A (2018): BSAVA Manual of Canine and Feline Emergency and Critical Care. 3rd Ed. British Small Animal Veterinary Association (BSAVA), Gloucester.

Sigrist N (2017): Notfallmedizin für Hund und Katze: Sofortmaßnahmen und sichere Aufarbeitung. 1. Aufl. Enke, Stuttgart.

Silverst D, Hopper K (2014): Small Animal Critical Care Medicine. 2nd Ed. Elsevier Saunders, Missouri.

Battaglia A, Steele M (2015): Small Animal Emergency and Critical Care for Veterinary Technicians. 3rd Ed., Elsevier Saunders, Missouri.

Norkus C L (2018): Veterinary Technician's Manual for Small Animal Emergency and Critical Care. 2nd Ed. Whiley-Blackwell, Chichester.

Autor

Dr. med. vet. René Dörfelt

hat in Leipzig studiert und in der Kleintierklinik der Freien Universität Berlin promoviert. Anschließend arbeitete er zwei Jahre als Assistenztierarzt an der Tierklinik Norderstedt und wechselte 2007 als Resident des European College of Veterinary Anaesthesia and Analgesia an die Klinik für Anästhesie und perioperative Intensivmedizin der Veterinärmedizinischen Universität Wien. Seit 2011 ist er an der Medizinischen Kleintierklinik der Ludwig-Maximilians-Universität München beschäftigt, derzeit als leitender Oberarzt für Intensiv- und Notfallmedizin, Anästhesiologie.

René Dörfelt ist Dipl. ECVECC (Emergency and Critical Care), Dipl. ECVAA (Anaesthesia and Analgesia), Fachtierarzt für Anästhesiologie, Intensivmedizin und Schmerztherapie sowie Fachtierarzt für Kleintiere. Er ist Autor zahlreicher Fachpublikationen und engagiert sich in Seminaren und Vorträgen zur Intensiv- und Notfallmedizin für die Fort- und Weiterbildung von Tierärzten und Tiermedizinischen Fachangestellten im In- und Ausland.

r.doerfelt@medizinische-kleintierklinik.de
www.med.vetmed.uni-muenchen.de

Sachverzeichnis

A

P

R

S